书中精彩案例欣赏

分类汇总数据

工作报告

公司会议PPT

公司考核表

公司年度总结

链接跳转幻灯片

培训安排统计表

培训宣传海报

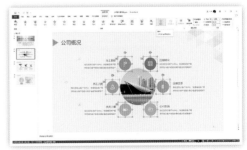

商务计划书PPT

设置对象动画效果

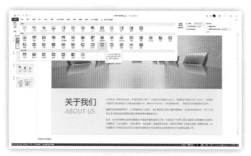

设置切换动画

数据透视表

数据透视图

项目策划商务模板

销售分析图表

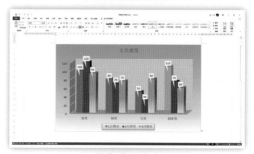

销售统计图表

销售走势图表

修订审阅文档

业绩考核表

营销计划书

W X P 高效工作，强化技能，一本搞定！

同步视频教程 + 同步学习素材 + 学习典型案例，做办公高手

Office 2019
办公应用一本通

卫 琳 和孟佯 主 编

清華大學出版社

北 京

内容简介

本书以通俗易懂的语言、翔实生动的案例全面介绍了 Office 2019 办公软件的使用方法和技巧。全书共分12 章，内容涵盖了 Word 办公文档基础排版，Word 办公文档图文美化，Word 办公文档高级排版，Excel 表格初级编辑，Excel 公式与函数，整理与分析表格数据，使用 PowerPoint 制作演示文稿，幻灯片的动画设计与放映，Office 行业中的文秘办公、人事管理、市场营销三大办公应用，Office 移动和共享办公应用等，力求为读者带来良好的学习体验。

本书全彩印刷，与书中内容同步的案例操作教学视频可供读者随时扫码学习。本书具有很强的实用性和可操作性，可以作为初学者的自学教材，也可作为人力资源管理人员、商务及财务办公管理人员的首选参考书，还可作为高等院校相关专业和会计电算化培训班的授课教材。

本书配套的电子课件、实例源文件可以到 http://www.tupwk.com.cn/downpage 网站下载，也可以通过扫描前言中的二维码获取。扫描前言中的"看视频"二维码可以直接观看教学视频。

图书在版编目(CIP)数据

Office 2019办公应用一本通 / 卫琳，和孟佯主编. －北京：清华大学出版社，2023.9

ISBN 978-7-302-64534-4

Ⅰ. ①O… Ⅱ. ①卫… ②和… Ⅲ. ①办公自动化－应用软件－高等学校－教材 Ⅳ. ①TP317.1

中国国家版本馆CIP数据核字(2023)第167124号

责任编辑：胡辰浩
封面设计：高娟妮
版式设计：妙思品位
责任校对：成凤进
责任印制：宋 林
出版发行：清华大学出版社
       网   址：https://www.tup.com.cn，https://www.wqxuetang.com
       地   址：北京清华大学学研大厦A座   邮   编：100084
       社 总 机：010-83470000   邮   购：010-62786544
       投稿与读者服务：010-62776969，c-service@tup.tsinghua.edu.cn
       质 量 反 馈：010-62772015，zhiliang@tup.tsinghua.edu.cn
印 装 者：三河市君旺印务有限公司
经   销：全国新华书店
开   本：185mm×260mm   印   张：19.25   插   页：1   字   数：480千字
版   次：2023年11月第1版   印   次：2023年11月第1次印刷
定   价：98.00元

产品编号：076416-01

本书结合大量实例，深入介绍了 Office 2019 软件在办公应用方面的操作方法与常用技巧。书中内容结合当前办公领域的实际需求进行讲解，除图文讲解外，还有详细的案例操作，可以帮助用户轻松掌握 Office 2019 的各种应用方法。

本书主要内容

第 1 章介绍 Word 办公文档基础排版，包括制作"工作报告""公司规章制度""业绩考核表"等内容。

第 2 章介绍 Word 办公文档图文美化的方法，包括制作"培训宣传海报""公司组织结构图""销售统计图表"办公文档，帮助读者掌握办公文档图文混排的操作技巧。

第 3 章介绍 Word 办公文档高级排版的方法，包括制作"公司年度总结"、审阅"档案管理制度"、排版"活动推广方案"办公文档等内容。

第 4 章介绍 Excel 表格初级编辑的技巧，包括制作"员工档案表"和"员工业绩表"工作簿，帮助读者掌握 Excel 的基础编辑方法。

第 5 章介绍 Excel 公式与函数的使用方法，包括制作"年度考核表"和"员工薪资表"工作簿。

第 6 章介绍使用 Excel 整理与分析数据的操作方法，包括排序、筛选、分类汇总"员工薪资表"，制作"销售数据透视表"和"销售业绩走势图"。

第 7 章介绍使用 PowerPoint 制作演示文稿的方法，包括制作"公司销售策略模板""产品推广 PPT""销售图表 PPT"等演示文稿。

第 8 章介绍 PowerPoint 动画设计和放映的方法，包括设置"公司简介宣传稿"动画、"购物指南 PPT"交互应用、放映"教学课件 PPT"等内容。

第 9 章介绍 Office 文秘办公应用，包括制作"公司通知""会议记录表""公司会议 PPT"等文档，帮助读者学习和掌握 Office 各组件在文秘领域的办公应用技巧。

第 10 章介绍 Office 人事管理办公应用，包括制作"聘用合同""培训安排统计表""员工培训 PPT"等文档，帮助读者学习和掌握 Office 各组件在人事管理领域的办公应用技巧。

第 11 章介绍 Office 市场营销办公应用，包括制作"营销计划书""销售分析图表""商务计划书 PPT"等文档，帮助读者学习和掌握 Office 各组件在市场营销领域的办公应用技巧。

第 12 章介绍 Office 移动和共享办公应用，包括 Outlook 邮件管理，Office 的共享、协同和移动办公等内容。

本书主要特色

☐ 图文并茂，案例精彩，实用性强

本书以若干实用案例贯穿全书，讲解了 Office 软件在办公领域的各种技巧知识，同时精选了在行业应用中的典型案例，系统全面地讲解了 Office 软件实战应用和经验技巧。读者通过本书的学习，可以在学会软件的同时快速掌握实际应用技巧。

☐ 内容结构安排合理，案例操作一扫即看

本书涵盖了 Office 软件所有常用工具、命令的实用功能，采用"实例操作 + 难点提示 + 高手技巧"的模式编写，从理论讲解到案例完成效果的展示，都进行了全程式的图解，让读者真正快速地掌握办公应用实战技能。读者还可以使用手机扫描视频教学二维码进行观看，提高学习效率。

☐ 免费提供配套资源，全方位扩展应用水平

本书免费提供电子课件和实例源文件，读者可以扫描下方的二维码获取，也可以进入本书信息支持网站 (http://www.tupwk.com.cn/downpage) 下载。扫描下方的"看视频"二维码可以直接观看本书的教学视频进行学习。

扫一扫，看视频

扫码推送配套资源到邮箱

由于编者水平有限，本书难免有不足之处，欢迎广大读者批评指正。我们的邮箱是992116@qq.com，电话是 010-62796045。

编　者

2023 年 8 月

第 7 章
使用 PowerPoint 制作演示文稿

第 8 章
幻灯片的动画设计与放映

第 9 章
Office 行业办公应用——文秘办公

第 1 章

Word 办公文档基础排版

| 本章导读 |

Office 2019 是 Microsoft 公司推出的办公软件，其界面清爽，操作方便，功能齐全，并且集成了 Word、Excel、PowerPoint 等多种常用办公软件，使用户在使用时更加得心应手。本章将通过制作"工作报告"和"公司规章制度"等 Word 文档，介绍 Word 2019 办公文档编辑和排版的基础功能。

1.1 制作"工作报告"

工作报告是办公行政等领域常用的文档形式，主要是下级对上级报告工作情况，提出建议或反思总结等内容。下面以制作"工作报告"文档为例介绍 Word 2019 的基础操作。

1.1.1 新建空白文档

Word 文档是文本、图片等对象的载体，在进行任何操作之前，首先必须创建一个新文档。

01 启动 Windows 10 操作系统后，打开【开始】菜单，选择【Word】选项，如图 1-1 所示。

02 启动 Word 2019，启动界面如图 1-2 所示。

图 1-1

图 1-2

03 在打开的界面中选择【新建】选项，打开【新建】选项区域，然后在该选项区域中单击【空白文档】按钮，如图 1-3 所示。

04 此时新建一个以"文档 1"为名的空白文档，如图 1-4 所示。

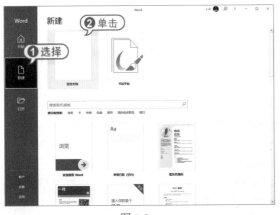

图 1-3

图 1-4

1.1.2 设置页边距和纸张大小

在处理 Word 文档的过程中,为了使文档页面更加美观,用户可以根据需求规范文档的页面,如设置页边距、纸张大小等,从而制作出一个要求较为严格的文档版面。在 Word 2019 中,页边距指页面上打印区域之外的空白空间。设置页边距,包括调整上、下、左、右边距,调整装订线的距离和纸张的方向。默认的纸张方向为纵向,其纸张大小为 A4。

01 在刚创建好的空白文档中,选择【布局】选项卡,在【页面设置】组中单击【页边距】按钮,选择【自定义页边距】命令,如图 1-5 所示。

02 打开【页面设置】对话框,设置上、下页边距为 2.5 厘米,左、右页边距为 3 厘米,然后单击【确定】按钮,如图 1-6 所示。

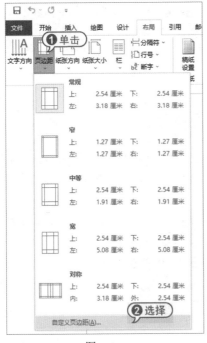

图 1-5

图 1-6

03 选择【布局】选项卡，在【页面设置】组中单击【纸张大小】按钮，选择【其他纸张大小】命令，如图 1-7 所示。

04 打开【页面设置】对话框，在【纸张】选项卡中设置【纸张大小】为 A4，然后单击【确定】按钮，如图 1-8 所示。

图 1-7

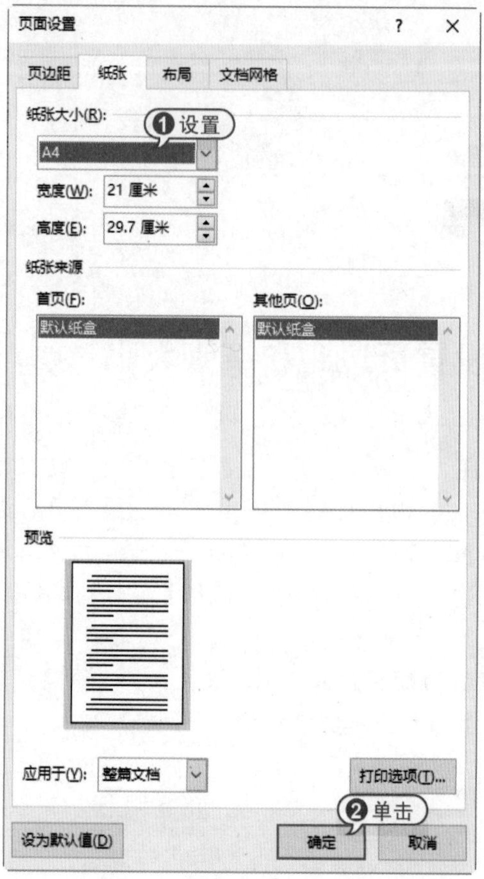

图 1-8

1.1.3 输入文本内容

新建一个文档后，在文档的开始位置将出现一个闪烁的光标，称之为"插入点"。在 Word 文档中，输入的文本都会在插入点处出现。定位了插入点的位置后，选择一种输入法，即可开始输入文本。

01 选择中文输入法，按空格键，将插入点移至页面中间位置。输入标题"工作报告"，如图 1-9 所示。

02 按 Enter 键另起一行，继续往下输入文本，如图 1-10 所示。

图 1-9　　　　　　　　　　　　　图 1-10

03 将插入点定位在文档末尾，按 Enter 键换行。选择【插入】选项卡，在【文本】组中单击【日期和时间】按钮 🖼，打开【日期和时间】对话框，在打开的【可用格式】列表框中选择一种日期格式，单击【确定】按钮，如图 1-11 所示。

04 此时在文档末尾插入该日期，按空格键将该日期文本移至该行最右侧，如图 1-12 所示。

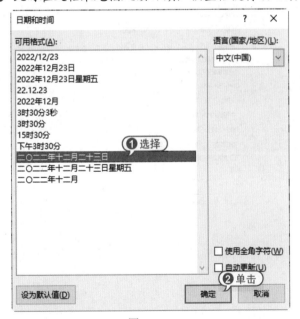

图 1-11　　　　　　　　　　　　　图 1-12

1.1.4　设置字体和段落格式

在 Word 文档中，输入的文本默认字体为宋体，默认字号为五号，为了使文档更加美观、版面更加清晰，通常需要对文本和段落进行格式化操作，如设置字体、字号、字体颜色、段落间距、段落缩进等。

1. 设置字体

要设置文本格式，可以先选中要设置格式的文本，在功能区中选择【开始】选项卡，单击【字体】组中提供的按钮即可设置文本格式，如图 1-13 所示，或者选中要设置格式的文本，此时选中文本区域的右上角将出现浮动工具栏，单击浮动工具栏提供的命令按钮即可进行文本格式的设置，如图 1-14 所示。

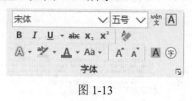

图 1-13

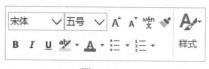

图 1-14

用户还可以在【开始】选项卡中单击【字体】对话框启动器按钮，在打开的【字体】对话框中进行文本格式的相关设置。其中，【字体】选项卡用于设置字体、字形、字号、字体颜色和效果等，如图 1-15 所示；【高级】选项卡用于设置文本的间隔距离和位置，如图 1-16所示。

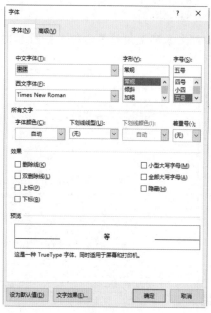

图 1-15

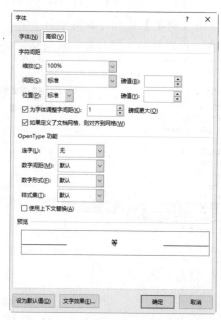

图 1-16

2. 设置段落

段落对齐指文档边缘的对齐方式，包括两端对齐、左对齐、右对齐、居中对齐和分散对齐。这 5 种对齐方式的说明如下。

▶ 两端对齐：默认设置，两端对齐时文本左右两端均对齐，但是段落最后不满一行的文字右边是不对齐的。

▶ 左对齐：文本的左边对齐，右边参差不齐。

▶ 右对齐：文本的右边对齐，左边参差不齐。

▶ 居中对齐：文本居中排列。

▶ 分散对齐：文本左右两边均对齐，而且每个段落的最后一行不满一行时，将拉开字符间距使该行均匀分布。

　　设置段落对齐方式时，先选定要对齐的段落，然后可以通过单击【开始】选项卡的【段落】组 (或浮动工具栏) 中的相应按钮来实现，也可以通过【段落】对话框来实现。

01 在文档中选中"工作报告"标题文字，在【开始】选项卡的【字体】组中设置字体为【宋体 (中文正文)】、字号为【一号】、加粗，在【段落】组中单击【居中】按钮，设置居中对齐，如图 1-17 所示。

02 选中正文内容，设置字体为【宋体 (中文正文)】、字号为【小四】，如图 1-18 所示。

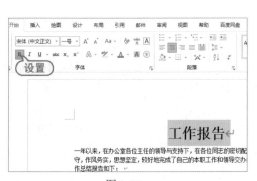

图 1-17

图 1-18

03 选中正文内容，在【开始】选项卡的【段落】组中单击对话框启动器按钮，打开【段落】对话框，打开【缩进和间距】选项卡，在【缩进】选项区域的【特殊】下拉列表中选择【首行】选项，并在【缩进值】微调框中输入"2 字符"，如图 1-19 所示，单击【确定】按钮。

04 此时设置首行缩进后的效果如图 1-20 所示。

图 1-19

图 1-20

05 将插入点定位在标题段落，打开【段落】对话框的【缩进和间距】选项卡，在【间距】选项区域的【段前】和【段后】微调框中均设置为“1 行”，单击【确定】按钮，如图 1-21 所示。

06 此时，设置段前段后间距后的效果如图 1-22 所示。

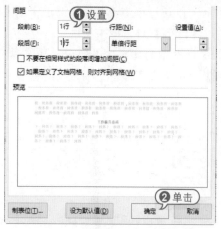

图 1-21

工作报告

一年以来，在办公室各位主任的领导与支持下，在各位同志的密切配合下，本人爱岗敬业，恪尽职守，作风务实，思想坚定，较好地完成了自己的本职工作和领导交办的其他工作。现将个人工作总结报告如下：

在业务方面，本人所负责的 XX 市区职业教育中心建设项目进展顺利，各项工作有条不紊，基本达到竣工验收条件，在这期间，本人本着恪尽职守，严格把关的原则，始终坚守在工地一线，发现问题，就地解决问题，严把质量关。在工程建设中，始终把施工安全及施工质量放在第一位，坚决杜绝偷工减料等违法行为。

走过 2022，再回首，思考亦多，感慨亦多，收获亦多。“忙并收获着，累并快乐着”成了心的主旋律。对我而言，2022 年的工作是难忘、印记最深的一年。工作内容的转换，连带着工作思想、方法等一系列的适应与调整，包括工作上的适应与心态上的调整等压力带来了累的感觉，累中也融进了收获的快乐。

现简要回顾总结如下：

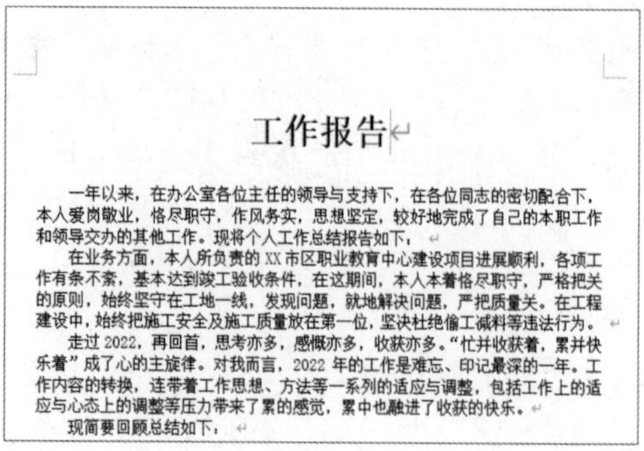

图 1-22

07 选中正文内容，打开【段落】对话框的【缩进和间距】选项卡，在【行距】下拉列表中选择【固定值】选项，在其右侧的【设置值】微调框中输入“18 磅”，单击【确定】按钮，如图 1-23 所示。

08 完成以上文本和段落的设置后，文档效果如图 1-24 所示。

图 1-23

工作报告

一年以来，在办公室各位主任的领导与支持下，在各位同志的密切配合下，本人爱岗敬业，恪尽职守，作风务实，思想坚定，较好地完成了自己的本职工作和领导交办的其他工作。现将个人工作总结报告如下：

在业务方面，本人所负责的 XX 市区职业教育中心建设项目进展顺利，各项工作有条不紊，基本达到竣工验收条件，在这期间，本人本着恪尽职守，严格把关的原则，始终坚守在工地一线，发现问题，就地解决问题，严把质量关。在工程建设中，始终把施工安全及施工质量放在第一位，坚决杜绝偷工减料等违法行为。

走过 2022，再回首，思考亦多，感慨亦多，收获亦多。“忙并收获着，累并快乐着”成了心的主旋律。对我而言，2022 年的工作是难忘、印记最深的一年。工作内容的转换，连带着工作思想、方法等一系列的适应与调整，包括工作上的适应与心态上的调整等压力带来了累的感觉，累中也融进了收获的快乐。

现简要回顾总结如下：

一、一年来的工作表现

(一)强化形象，提高自身素质。为做好督查工作，我所坚持严格要求，注重以身作则，以诚待人，一是爱岗敬业讲奉献。综合部门的工作规律就是“无规律”，因此，我们正确认识自身的工作和价值，正确处理苦与乐，得与失、个人利益和集体利益的关系，坚持甘于奉献、诚实敬业，二是锤炼业务讲提高。经过半年的学习和锻炼，我们在工作上取得一定的进步，细心学习他人长处，改掉自己不足，并虚心向领导、同事请教，在不断学习和探索中使自身在文字材料上有所提高。

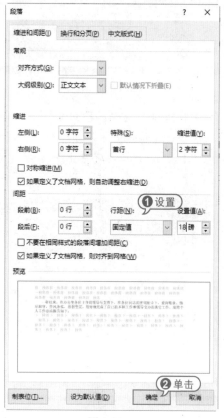

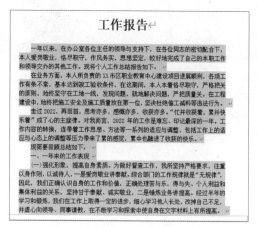

图 1-24

1.1.5　添加项目符号和编号

Word 2019 提供了自动添加项目符号和编号的功能。在以"1.""(1)""a"等字符开始的段落中按 Enter 键，下一段的开始将会自动出现"2.""(2)""b"等字符。

此外，选取要添加项目符号和编号的段落，打开【开始】选项卡，在【段落】组中单击【项目符号】按钮，将自动在每一个段落前面添加项目符号；单击【编号】按钮，段落将以"1.""2.""3."的形式进行编号。

若用户要添加其他样式的项目符号和编号，可以打开【开始】选项卡，在【段落】组中单击【项目符号】下拉按钮，从弹出的如图 1-25 所示的列表框中选择项目符号的样式；单击【编号】下拉按钮，从弹出的如图 1-26 所示的列表框中选择编号的样式。

图 1-26

图 1-25

01 在文档中选中需要设置编号的文本，如图 1-27 所示。

02 打开【开始】选项卡，在【段落】组中单击【编号】下拉按钮，从弹出的列表框中选择一种编号样式，即可为所选段落添加编号，如图 1-28 所示。

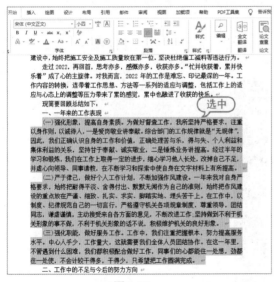

图 1-27

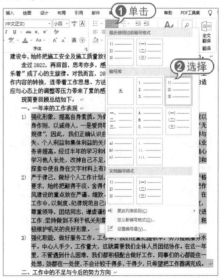

图 1-28

03 在文档中选中需要设置项目符号的文本，如图 1-29 所示。

04 打开【开始】选项卡，在【段落】组中单击【项目符号】下拉按钮 ≡▾，从弹出的列表框中选择一种项目符号样式，即可为所选段落添加项目符号，如图 1-30 所示。

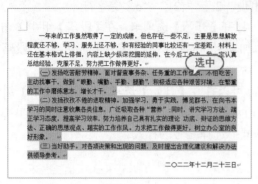

图 1-29

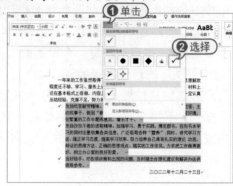

图 1-30

 提示

除了可以使用系统自带的项目符号和编号样式外，还可以对项目符号和编号进行自定义设置，以满足不同用户的需求。打开【开始】选项卡，在【段落】组中单击【项目符号】下拉按钮 ≡▾，在弹出的下拉菜单中选择【定义新项目符号】命令，打开【定义新项目符号】对话框，在其中自定义一种项目符号即可；在【段落】组中单击【编号】下拉按钮 ≡▾，从弹出的下拉菜单中选择【定义新编号格式】命令，打开【定义新编号格式】对话框，在【编号样式】下拉列表中选择一种编号的样式，单击【字体】按钮，可以在打开的【字体】对话框中设置项目编号的字体，在【对齐方式】下拉列表中选择编号的对齐方式。

1.1.6 保存和关闭文档

对于新建的文档，只有将其保存起来，才可以再次对其进行查看或编辑修改。而且，在编辑文档的过程中，养成随时保存文档的习惯，可以避免文档因计算机故障而丢失信息。保存完文档后，就可以关闭文档，完成 Word 文档的基础操作。

01 如果要对新建的文档进行保存，单击快速访问工具栏上的【保存】按钮 ⊟，如图 1-31 所示。

02 打开【另存为】界面，选择【浏览】选项，如图 1-32 所示。

图 1-31

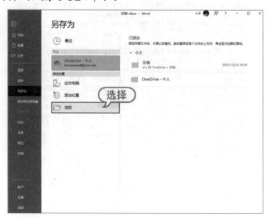

图 1-32

03 打开【另存为】对话框，设置文档的保存路径、名称及保存类型，然后单击【保存】按钮，如图 1-33 所示。

04 此时以"工作报告"为名保存文档，标题栏显示了名称的变化，如图 1-34 所示。

图 1-33

图 1-34

 提示

如果文档已保存过，但在进行了一些编辑操作后，需要将其保存下来，并且希望仍能保存以前的文档，这时就需要对文档进行另存为操作：选择【文件】选项卡，在打开的界面中选择【另存为】选项，然后在打开的选项区域中设定文档另存为的位置，并单击【浏览】按钮打开【另存为】对话框指定文件保存的具体路径。

1.2　制作"公司规章制度"

公司规章制度一般是企业或职能部门进行管理工作活动等提出的原则性要求、执行标准与实施措施的规范性公文，同时又涵盖企业的各个方面，承载传播企业形象和文化方面的作用。本节将以制作"公司规章制度"文档为例，介绍在 Word 2019 中添加页眉、页码、目录等排版功能。

1.2.1　添加页眉内容

页眉是版心上边缘和纸张边缘之间的图形或文字，页脚则是版心下边缘与纸张边缘之间的图形或文字。页眉和页脚通常用于显示文档的附加信息，如页码、时间和日期、作者名称、单位名称、徽标或章节名称等内容。本小节介绍为"公司规章制度"文档插入并设置页眉文字内容。

01 打开"公司规章制度"文档，在页眉位置双击鼠标，此时进入页眉和页脚设置状态，并在页眉下方出现一条横线和段落标记符，如图 1-35 所示。

02 选中段落标记符，打开【开始】选项卡，在【段落】组中单击【边框】按钮，在弹出的菜单中选择【无框线】命令，隐藏页眉的边框线，如图 1-36 所示。

图 1-35

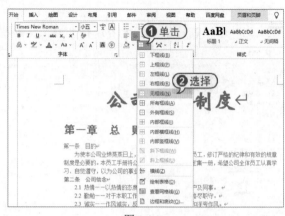
图 1-36

03 将光标定位在段落标记符前，输入文本后设置字体为【华文行楷】、字号为【小三】、字体颜色为棕色、文本右对齐显示，然后单击【关闭页眉和页脚】按钮退出页眉和页脚的设置状态，如图 1-37 所示。

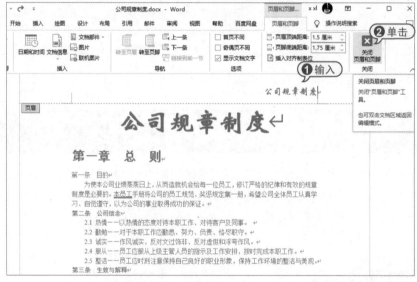
图 1-37

1.2.2 插入页码

页码是给文档每页所编的号码，就是书籍每一页面上标明次序的号码或其他数字，用于统计书籍的面数，以便于读者阅读和检索。

01 将插入点定位在第 1 页中，打开【插入】选项卡，在【页眉和页脚】组中，单击【页码】按钮，在弹出的菜单中选择【页面底端】命令，在弹出的下拉列表中选择【滚动】选项，如图 1-38 所示。

02 此时在第 1 页的页脚处插入该样式的页码，如图 1-39 所示。

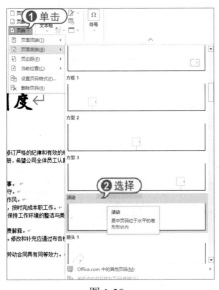

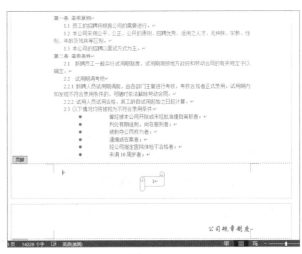

图 1-38	图 1-39

03 ▶ 用户可以对页码的格式进行设置。打开【插入】选项卡，在【页眉和页脚】组中单击【页码】按钮，在弹出的菜单中选择【设置页码格式】命令，打开【页码格式】对话框，在该对话框中选择一种编号格式，然后单击【确定】按钮，如图 1-40 所示。

04 ▶ 选中页码中的文字，在【开始】选项卡中单击【字体颜色】按钮，选择一种颜色，如图 1-41 所示。

05 ▶ 单击【关闭页眉和页脚】按钮退出页眉和页脚的设置状态。

图 1-40	图 1-41

1.2.3　设置大纲级别

　　Word 2019 中的大纲视图功能是专门用于制作提纲的，它以缩进文档标题的形式代表在文档结构中的级别。

打开【视图】选项卡，在【文档视图】组中单击【大纲】按钮，就可以切换到大纲视图模式。此时，【大纲显示】选项卡出现在窗口中，如图 1-42 所示，在【大纲工具】组的【显示级别】下拉列表中选择显示级别；将鼠标指针定位在要展开或折叠的标题中，单击【展开】按钮 ✚ 或【折叠】按钮 ━，可以展开或折叠大纲标题。此外，用户也可以在【段落】对话框的【缩进和间距】选项卡内进行设置。

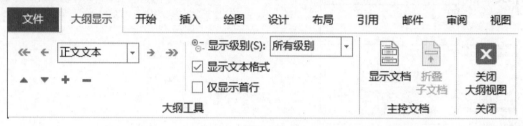

图 1-42

01 选中文档中的一级标题，单击【段落】组中的对话框启动器按钮 ⤡，如图 1-43 所示

02 在打开的【段落】对话框中选择【大纲级别】为【1 级】，然后单击【确定】按钮，此时便完成第一个标题的大纲级别设置，如图 1-44 所示。

图 1-43   图 1-44

03 选中完成大纲级别设置的标题，然后单击【剪贴板】组中的【格式刷】按钮 🖌，如图 1-45 所示。

04 此时光标变成了刷子形状，用鼠标选中同属于一级大纲的标题，即可将大纲级别格式进行复制，如图 1-46 所示。

图 1-45

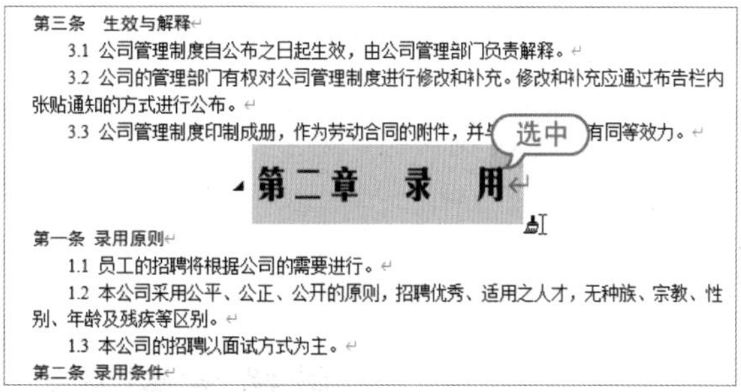

图 1-46

05 选中二级标题，在打开的【段落】对话框中设置【大纲级别】为【2 级】，如图 1-47 所示。

06 使用同样的方法，完成文档中所有二级标题的设置，打开【导航】窗格可浏览 1 级和 2 级标题，如图 1-48 所示。

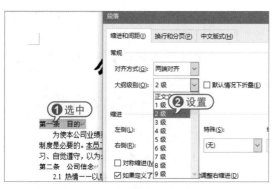

图 1-47

图 1-48

💡 **提示**

文本的大纲级别并不是一成不变的，可以按需要对其实行升级或降级操作，在【大纲显示】选项卡的【大纲工具】组中单击【升级】按钮 ← 或【降级】按钮 → ，可对该标题实现层次级别的升或降；如果想要将标题降级为正文，可单击【降级为正文】按钮 →；如果要将正文提升至标题 1，可单击【提升至标题 1】按钮 ←。

1.2.4 设置目录

目录与一篇文章的纲要类似，通过它可以了解全文的结构和整个文档所要讨论的内容。Word 2019 具有自动提取目录的功能，大纲级别设置完毕，接下来就可以生成目录了。

01 将光标定位在需要生成目录的位置，切换到【引用】选项卡，选择【目录】下拉菜单中的【自定义目录】选项，如图 1-49 所示。

02 打开【目录】对话框，选中【显示页码】复选框，设置【显示级别】为【2】，格式为【正式】，单击【确定】按钮，如图1-50所示。

图 1-49

图 1-50

03 此时已完成文档的目录生成，需为目录页添加"目录"二字，并且调整其字体和大小，如图1-51所示。

04 选中整个目录，在【开始】选项卡的【字体】组中，设置【字体】为【华文中宋】选项，【字号】为【小四】，目录效果如图1-52所示。

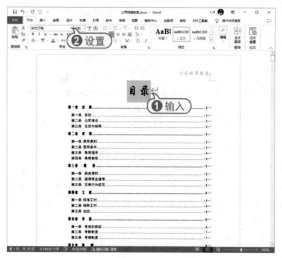
图 1-51

图 1-52

1.2.5 插入脚注

在 Word 2019 中，打开【引用】选项卡，在【脚注】组中单击【插入脚注】按钮或【插入尾注】按钮，即可在文档中插入脚注或尾注。

01 将插入点定位在要插入脚注的文本"《劳动法》"后面，然后打开【引用】选项卡，在【脚注】组中单击【插入脚注】按钮，如图 1-53 所示。

02 此时该页面会出现脚注编辑区，在该编辑区中直接输入文本即可，如图 1-54 所示。

图 1-53 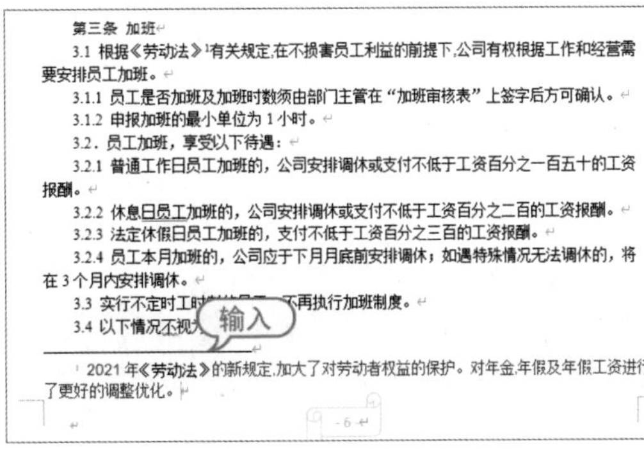　　　　　　　　　　　　　　　　图 1-54

03 插入脚注后，文本后将出现脚注引用标记，将鼠标指针移至该标记上，将显示脚注内容，如图 1-55 所示。

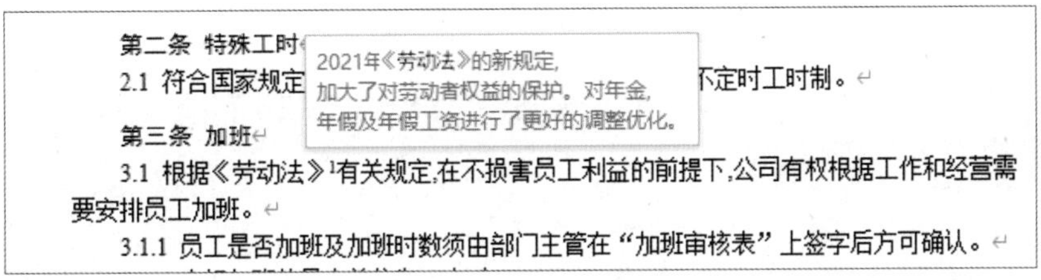

图 1-55

1.3　制作"业绩考核表"

在编辑 Word 文档时，为了更形象地说明问题，常常需要在文档中制作各种各样的表格，如个人简历表、财务报表、业绩考核表等。其中业绩考核表用于定期对员工业绩进行考核分析，以显示该员工在不同层面的工作情况，可以对公司员工进行科学管理。

1.3.1　插入表格

Word 2019 中提供了多种创建表格的方法，不仅可以通过按钮或对话框完成表格的创建，还可以根据内置样式快速插入表格。如果表格比较简单，还可以直接拖动鼠标来绘制表格。

01 新建一个名为"业绩考核表"的 Word 文档，在插入点处输入标题"业绩考核表"，设置其字体格式为【华文中宋】【二号】、加粗、蓝色、居中，如图 1-56 所示。

02 将插入点定位到表格标题的下一行，打开【插入】选项卡，在【表格】组中单击【表格】按钮，从弹出的菜单中选择【插入表格】命令，如图 1-57 所示。

图 1-56　　　　　　　　　　　　　　　　　　　　　图 1-57

03 打开【插入表格】对话框，在【列数】和【行数】文本框中分别输入 6 和 9，单击【确定】按钮，如图 1-58 所示。

04 此时，可在文档中插入一个 6×9 的规则表格，如图 1-59 所示。

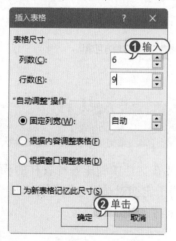

图 1-58

图 1-59

 提示

要快速创建表格，可以单击【表格】组的【表格】按钮，在弹出的菜单中会出现网格框，拖动鼠标确定要创建表格的行数和列数，然后释放鼠标就可以完成一个规则表格的创建。此外还可以绘制表格，单击【表格】按钮，从弹出的菜单中选择【绘制表格】命令，此时鼠标光标变为 ⌀ 形状，按住左键不放并拖动鼠标，会出现一个表格的虚框，待达到合适大小后，释放鼠标即可生成表格的边框，在表格边框的任意位置单击选择一个起点，按住左键不放并向右 (或向下) 拖动绘制出表格中的横线 (或竖线)。

1.3.2　合并与拆分单元格

在 Word 2019 中，可以将相邻的两个或多个单元格合并成一个单元格，也可以把一个单元格拆分为多个单元格，达到减少或增加行数和列数的目的。

01 选取表格的第 2 行的后 5 个单元格，打开【布局】选项卡，在【合并】组中单击【合并单元格】按钮，合并这 5 个单元格，效果如图 1-60 所示。

02 使用同样的方法，合并其他单元格，如图 1-61 所示。

图 1-60

图 1-61

03 将插入点定位在第 5 行第 2 列的单元格中，在【合并】组中单击【拆分单元格】按钮，打开【拆分单元格】对话框。在该对话框的【列数】和【行数】文本框中分别输入 1 和 3，单击【确定】按钮，此时该单元格被拆分成 3 个单元格，如图 1-62 所示。

04 使用同样的方法，拆分其他单元格，最终效果如图 1-63 所示。

图 1-62

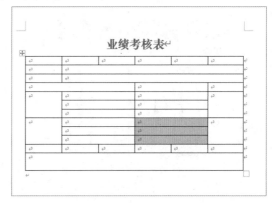

图 1-63

 提示

用户还可以拆分表格，就是将一个表格拆分为两个独立的子表格，拆分表格时，将插入点置于要拆分的行的分界处，也就是拆分后形成的第二个表格的第一行处。打开表格的【布局】选项卡，在【合并】组中单击【拆分表格】按钮，或者按 Shift+Ctrl+Enter 组合键，这时，插入点所在行以下的部分就从原表格中分离出来，形成另一个独立的表格。

1.3.3　输入表格文字

用户可以在表格的各个单元格中输入文字，也可以对各单元格中的文本内容进行设置。

01 单击鼠标左键，将插入点定位到单元格中，输入文本，如图 1-64 所示。

02 选取文本"工作成效"和"工作态度"单元格，右击，从弹出的快捷菜单中选择【文字方向】命令，如图 1-65 所示。

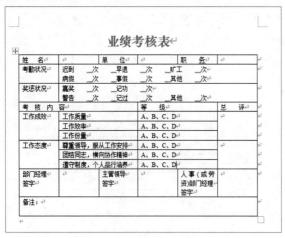

图 1-64

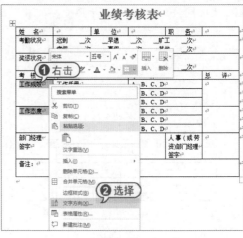

图 1-65

03 打开【文字方向 - 表格单元格】对话框，选择垂直排列的第二种方式，单击【确定】按钮，如图 1-66 所示。

04 此时，文本将以竖直排列形式显示在单元格中，如图 1-67 所示。

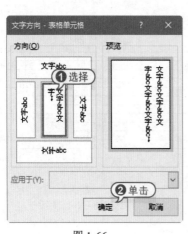

图 1-66

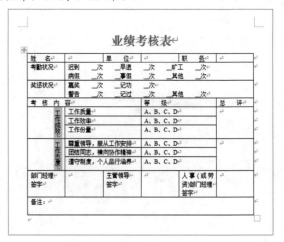

图 1-67

05 选中整个表格，打开【布局】选项卡，在【对齐方式】组中单击【水平居中】按钮，设置文本水平居中对齐，如图 1-68 所示。

06 选取"考核内容"下的 5 个单元格，打开【布局】选项卡，在【对齐方式】组中单击【中部左对齐】按钮，此时选取的单元格中的文本将按该样式对齐，如图 1-69 所示。

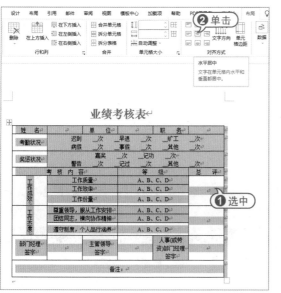

图 1-68

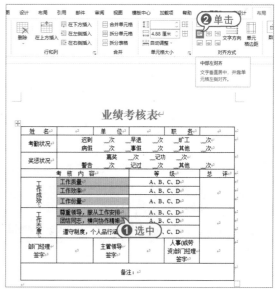

图 1-69

07 选中整个表格，在【开始】选项卡中单击【字体颜色】按钮，在弹出的颜色面板中选择蓝色，此时表格中的文本将全部显示为蓝色，如图 1-70 所示。

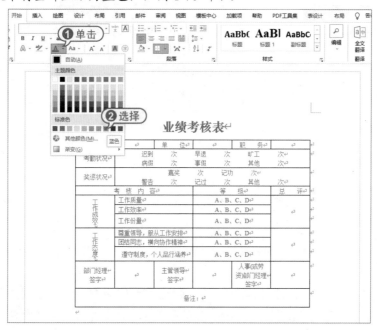

图 1-70

1.3.4　设置表格的行高和列宽

创建表格时，表格的行高和列宽都是默认值。在实际工作中，如果觉得表格的尺寸不合适，可以随时调整表格的行高和列宽。

1. 设置行高

在 Word 2019 中，可使用多种方法调整表格的行高和列宽，如通过拖动鼠标和【表格属性】对话框等方法来调整。

01 将插入点定位在第 1 行的任意单元格中，在【布局】选项卡的【单元格大小】组中单击对话框启动器按钮，打开【表格属性】对话框。在该对话框的【行】选项卡中，选中【指定高度】复选框，在其后的微调框中输入"1 厘米"，在【行高值是】下拉列表中选择【固定值】选项，如图 1-71 所示。

02 单击【下一行】按钮，使用同样的方法设置第 2 行的【指定高度】为 1.5 厘米和【行高值是】为【固定值】选项；使用同样的方法设置所有行的【指定高度】和【行高值是】选项，单击【确定】按钮，如图 1-72 所示。

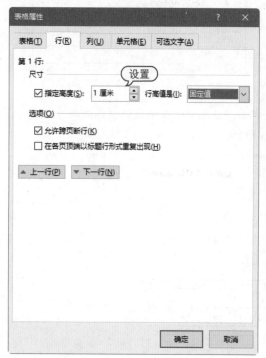

图 1-71

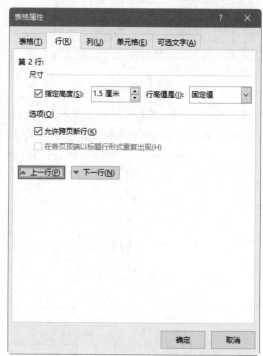

图 1-72

2. 设置列宽

在【表格属性】对话框的【列】选项卡中，以输入数值的方式精确地调整列宽。

01 选择文字 A、B、C、D 所在的单元格，打开【表格属性】对话框。打开该对话框的【列】选项卡，选中【指定宽度】复选框，在其后的微调框中输入"2 厘米"，单击【确定】按钮，如图 1-73 所示。

02 此时表格的效果如图 1-74 所示。

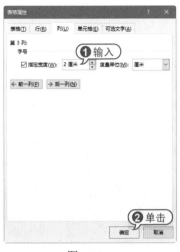

图 1-73

业绩考核表

姓 名		单 位		职 务	
考勤状况	迟到 __次 病假 __次	早退 __次 事假 __次	旷工 __次 其他 __次		
奖惩状况	嘉奖 __次 警告 __次	记功 __次 记过 __次	其他 __次		
考 核 内 容		等 级		总 评	
工作成效	工作质量	A、B、C、D			
	工作效率	A、B、C、D			
	工作份量	A、B、C、D			
工作态度	尊重领导，服从工作安排	A、B、C、D			
	团结同志，横向协作精神	A、B、C、D			
	遵守制度，个人品行涵养	A、B、C、D			
部门经理签字		主管领导签字		人事(或劳资)部门经理签字	
备注：					

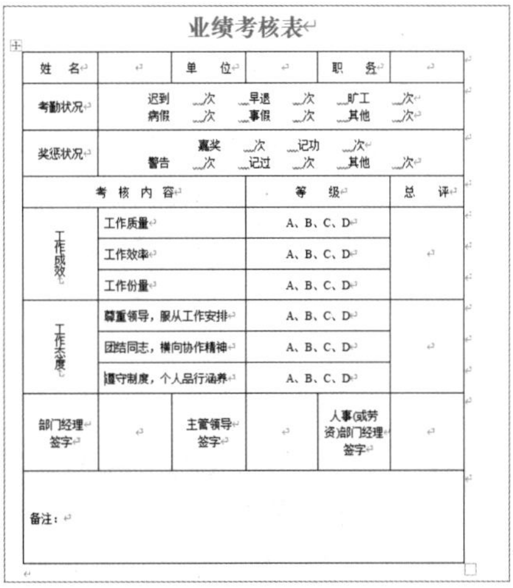

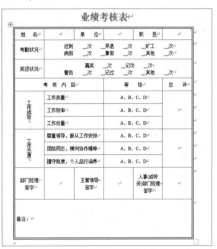

图 1-74

1.3.5　设置表格的边框和底纹

一般情况下，Word 2019 会自动设置表格使用 0.5 磅的单线边框。如果用户对表格的样式不满意，则可以重新设置表格的边框和底纹，从而使表格结构更为合理和美观。

1. 设置边框

表格的边框包括整个表格的外边框和表格内部各单元格的边框线，对这些边框线设置不同的样式和颜色，可以使表格所表达的内容一目了然。

01 将插入点定位在表格中，选择【表设计】选项卡，在【边框】组中单击【边框】按钮，从弹出的菜单中选择【边框和底纹】命令，打开【边框和底纹】对话框；在该对话框中选择【边框】选项卡，在【设置】选项区域中选择【虚框】选项，在【样式】列表框中选择双线型，在【颜色】下拉列表中选择紫色色块，在【宽度】下拉列表中选择【1.5 磅】，单击【确定】按钮，如图 1-75 所示。

02 此时完成边框的设置，表格的边框效果如图 1-76 所示。

图 1-75

业绩考核表

姓 名		单 位		职 务	
考勤状况	迟到 __次 病假 __次	早退 __次 事假 __次	旷工 __次 其他 __次		
奖惩状况	嘉奖 __次 警告 __次	记功 __次 记过 __次	其他 __次		
考 核 内 容		等 级		总 评	
工作成效	工作质量	A、B、C、D			
	工作效率	A、B、C、D			
	工作份量	A、B、C、D			
工作态度	尊重领导，服从工作安排	A、B、C、D			
	团结同志，横向协作精神	A、B、C、D			
	遵守制度，个人品行涵养	A、B、C、D			
部门经理签字		主管领导签字		人事(或劳资)部门经理签字	
备注：					

图 1-76

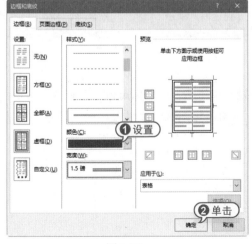

2.设置底纹

设置底纹就是对单元格和表格设置填充颜色，起到美化及强调文字的作用。

`01` 将插入点定位在表格的第1、4行，在【表设计】选项卡的【表格样式】组中单击【底纹】按钮，从弹出的颜色面板中选择【浅蓝】选项，如图1-77所示。

`02` 此时完成底纹的设置，选中的表格行的底纹效果如图1-78所示。

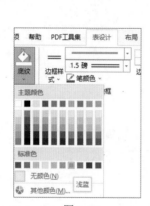

图 1-77

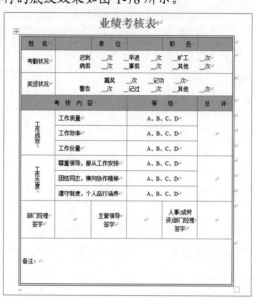

图 1-78

💡 **提 示**

Word 2019 为用户提供了多种内置的表格样式，这些内置的表格样式包括各种现成的边框和底纹设置，方便用户快速设置合适的表格样式。打开表格的【表设计】选项卡，在【表格样式】组中单击【其他】按钮▼，在弹出的下拉列表中选择需要的外观样式，即可为表格套用样式。

1.4 高手技巧

技巧1：使用标尺设置缩进量

通过水平标尺可以快速设置段落的缩进方式及缩进量。水平标尺包括首行缩进、悬挂缩进、左缩进和右缩进这4个标记，如图1-79所示。拖动各标记就可以设置相应的段落缩进方式。

图 1-79

使用标尺设置段落缩进时，在文档中选择要改变缩进的段落，然后拖动缩进标记到缩进位置，可以使某些行缩进。在拖动鼠标时，整个页面上出现一条垂直虚线，以显示新边距的位置。

在使用水平标尺格式化段落时，按住 Alt 键不放，使用鼠标拖动标记，水平标尺上将显示具体的度量值。拖动首行缩进标记到缩进位置，将以左边界为基准缩进第一行。拖动悬挂缩进标记至缩进位置，可以设置除首行外的所有行的缩进。拖动左缩进标记至缩进位置，可以使所有行均左缩进。

技巧 2：查找和替换文本

在篇幅比较长的文档中，使用 Word 2019 提供的查找与替换功能可以快速地找到文档中的某个信息或更改全文中多次出现的词语。

01 打开"通知"文档，在【开始】选项卡的【编辑】组中单击【查找】按钮，打开导航窗格。在【导航】文本框中输入文本"篮球"，此时 Word 2019 自动在文档编辑区中以黄色高亮显示所查找到的文本，如图 1-80 所示。

02 在【开始】选项卡的【编辑】组中，单击【替换】按钮，打开【查找和替换】对话框，打开【替换】选项卡，此时【查找内容】文本框中显示文本"篮球"，在【替换为】文本框中输入文本"足球"，单击【全部替换】按钮，如图 1-81 所示。

图 1-80

图 1-81

03 替换完成后，打开完成替换提示框，单击【确定】按钮，如图 1-82 所示。

04 返回【查找和替换】对话框，单击【关闭】按钮，返回文档窗口，查看替换的文本，如图 1-83 所示。

图 1-82

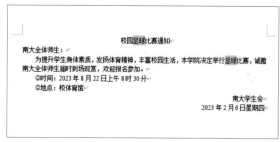

图 1-83

技巧 3：插入特殊字符

在输入文本时，除了可以直接通过键盘输入常用的基本符号外，还可以通过 Word 2019 的插入符号功能输入一些诸如☆、¤、®(注册符)以及™(商标符)等特殊字符。

打开【插入】选项卡，单击【符号】组中的【符号】下拉按钮，从弹出的下拉菜单中选择相应的符号，或者选择【其他符号】命令，将打开【符号】对话框的【符号】选项卡，选中要插入的符号，单击【插入】按钮，即可插入符号，如图 1-84 所示。

此外，打开【特殊字符】选项卡，在其中可以选择更多的特殊字符，单击【插入】按钮，即可将其插入文档中，如图 1-85 所示。

图 1-84

图 1-85

第 2 章
Word 办公文档图文美化

| 本章导读 |

在 Word 文档中适当地插入一些图片或其他元素，不仅会使文章显得生动有趣，还能帮助读者更直观地理解文档内容。本章将通过制作"培训宣传海报"和"公司组织结构图"等 Word 文档，介绍 Word 2019 绘图和图形处理功能，以及使用图文混排修饰文档的方法与技巧。

2.1 制作 "培训宣传海报"

宣传海报自然离不开各种各样的图形和文字点缀其中，使用 Word 2019，可以在文档中插入图片、形状、文字等元素进行混排和美化，从而突出海报的广告宣传效果。

2.1.1 插入图片

在 Word 2019 中，不仅可以插入系统提供的联机图片，还可以从其他程序或位置导入图片，甚至可以使用屏幕截图功能直接从屏幕中截取画面。

01 启动 Word 2019，新建一个名为 "培训宣传海报" 的文档，首先插入本地图片，选择【插入】选项卡，在【插图】组中单击【图片】下拉按钮，选择【此设备】命令，选择插入本地图片，如图 2-1 所示。

02 打开【插入图片】对话框，选择一个图片文件，单击【插入】按钮，如图 2-2 所示。

图 2-1   图 2-2

03 下面插入联机图片，选择【插入】选项卡，在【插图】组中单击【图片】下拉按钮，选择【联机图片】命令，如图 2-3 所示。

04 打开【联机图片】对话框，在搜索框中输入关键字 "钟表"，按 Enter 键，稍后将显示搜索出来的联机图片，选择一张图片，单击【插入】按钮，如图 2-4 所示。

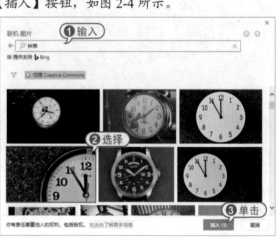

图 2-3   图 2-4

05 此时该文档插入了 2 张图片，效果如图 2-5 所示。

提 示

> 如果需要在 Word 文档中使用其他页面中的某个图片或者图片的一部分，则可以使用 Word 提供的【屏幕截图】功能来实现。打开【插入】选项卡，在【插图】组中单击【屏幕截图】按钮，在弹出的菜单中选择一个需要截图的窗口，如图 2-6 所示，即可将该窗口截取，并显示在文档中。

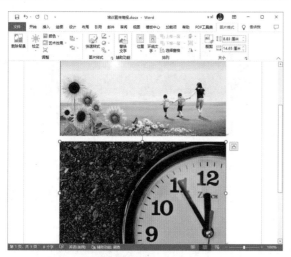

图 2-5　　　　　　　　　　　　　　　　　图 2-6

2.1.2　编辑图片

插入图片后，自动打开【图片格式】选项卡，使用相应的功能工具，可以设置图片的颜色、大小、版式和样式等。

01 选中插入的第一幅图，在【图片格式】选项卡的【排列】组中单击【环绕文字】下拉按钮，在弹出的菜单中选择【衬于文字下方】命令，为图片设置环绕方式，如图 2-7 所示。

02 选中钟表图，使用同样的方法，设置环绕方式为【浮于文字上方】，如图 2-8 所示。

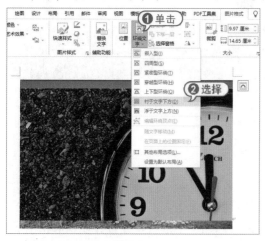

图 2-7　　　　　　　　　　　　　　　　　图 2-8

03 分别选中 2 张图片，拖动鼠标调节其大小和位置，如图 2-9 所示。

04 选中钟表图，在【图片格式】选项卡的【大小】组中单击【裁剪】按钮，调整图片裁剪范围，如图 2-10 所示。

图 2-9   图 2-10

05 按 Enter 键确定裁剪结果，然后在【图片格式】选项卡的【图片样式】组中单击【快速样式】下拉按钮，选择一种样式，如图 2-11 所示。

06 此时该图片效果如图 2-12 所示。

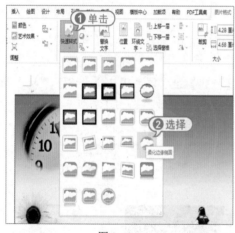

图 2-11   图 2-12

2.1.3 绘制形状图形

Word 2019 包含一套可以手工绘制的现成形状，包括直线、箭头、流程图、星与旗帜、标注等，这些图形称为自选图形。使用 Word 2019 所提供的功能强大的绘图工具，可以在文档中绘制各种形状图形。在文档中，用户可以使用这些图形添加一个形状，或合并多个形状生成一个绘图或一个更为复杂的形状。

01 打开【插入】选项卡，在【插图】组中单击【形状】下拉按钮，从弹出的菜单中选择【思想气泡：云】标注选项，如图 2-13 所示。

02 按住鼠标左键并拖动鼠标绘制该形状，然后拖曳周边锚点调整大小和位置，如图 2-14 所示。

图 2-13

图 2-14

03 此时在闪烁的光标处输入文本，设置前三行文本的字体为【华文琥珀】、字号为【小五】，最后一段文本的字体为【华文新魏】，字号为【小五】，如图 2-15 所示。

04 选中云形形状，打开【形状格式】选项卡，在【形状样式】组中单击【其他】按钮，从弹出的样式列表中选择一种形状样式，为自选图形应用该样式，如图 2-16 所示。

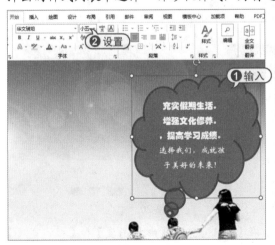

图 2-15

图 2-16

2.1.4 插入艺术字

Word 软件提供了艺术字功能，可以把文档的标题以及需要特别突出的文本用艺术字显示出来。使用 Word 2019 可以创建出各种文字的艺术效果，使文档内容更加生动、醒目。

01 打开【插入】选项卡，在【文本】组中单击【艺术字】下拉按钮，打开艺术字列表框，选择一种样式，如图 2-17 所示。

02 在提示文本"请在此放置您的文字"处输入文本，设置字体为【华文新魏】、字号为【小一】，如图 2-18 所示。

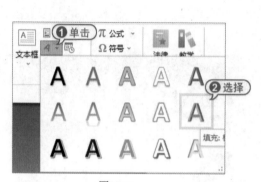

图 2-17

图 2-18

03 使用同样的方法，插入另一种艺术字，设置文本字体为【隶书】、字号为【小一】，如图 2-19 所示。

04 选中艺术字，系统会自动打开【绘图工具】|【形状格式】选项卡。使用该选项卡中的相应功能工具，可以设置艺术字。选中最上方的艺术字，打开【形状格式】选项卡，在【艺术字样式】组中单击【文本效果】按钮，从弹出的菜单中选择【发光】命令，然后在【发光变体】选项区域中选择一种发光效果，为艺术字应用该发光效果，如图 2-20 所示。

图 2-19

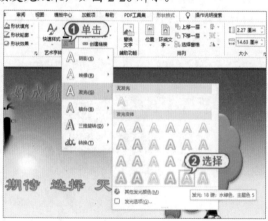

图 2-20

05 选中下面的艺术字，打开【形状格式】选项卡，在【大小】组的【形状高度】和【形状宽度】微调框中分别输入"2 厘米"和"10 厘米"，如图 2-21 所示。

06 在【艺术字样式】组中单击【文本效果】按钮 A ，从弹出的菜单中选择【转换】|【停止】
选项，为艺术字应用该效果，如图 2-22 所示。

图 2-21

图 2-22

2.1.5　插入文本框

文本框是一种图形对象，它作为存放文本或图形的容器，可置于页面中的任何位置，并可
随意地调整其大小。在 Word 2019 中，文本框用来建立特殊的文本，并且可以对其进行一些特
殊格式的处理，如设置边框、颜色等。

1. 插入内置文本框

Word 2019 提供了多种内置文本框，如简单文本框、边线型提要栏和大括号型引述等。通
过插入这些内置文本框，可快速制作出优秀的文档。

打开【插入】选项卡，在【文本】组中单击【文本框】下拉按钮，从弹出的列表框中选择
一种内置的文本框样式，如图 2-23 所示，即可快速地将其插入文档的指定位置，如图 2-24 所示。

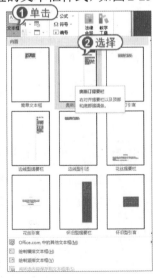

图 2-23

图 2-24

2. 绘制文本框

除了可以通过内置的文本框插入文本框外，在 Word 2019 中还可以根据需要手动绘制横排或竖排文本框。该文本框主要用于插入图片和文本等。

01 打开【插入】选项卡，在【文本】组中单击【文本框】下拉按钮，从弹出的菜单中选择【绘制横排文本框】命令，如图 2-25 所示。

02 将鼠标移到合适的位置，此时鼠标指针变成十字形时，拖动鼠标指针绘制横排文本框，释放鼠标，完成绘制操作，如图 2-26 所示。

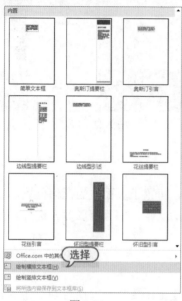

图 2-25

图 2-26

03 在文本框中输入文本，设置其字体为【华文行楷】、字号为【小四】、字体颜色为【蓝色】，如图 2-27 所示。

04 绘制文本框后，自动打开【绘图工具】|【形状格式】选项卡，在【形状样式】组中单击【形状填充】按钮，从弹出的菜单中选择【无填充】命令，为文本框设置无填充色，如图 2-28 所示。

图 2-27

图 2-28

05 单击【形状轮廓】按钮，从弹出的菜单中选择【无轮廓】命令，为文本框设置无轮廓效果，如图 2-29 所示。

06 单击【形状效果】按钮，从弹出的菜单中选择【预设】|【预设 10】选项，为文本框设置该效果，如图 2-30 所示。

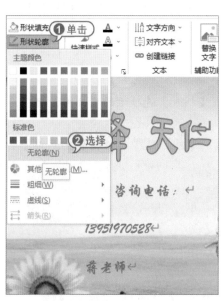

图 2-29

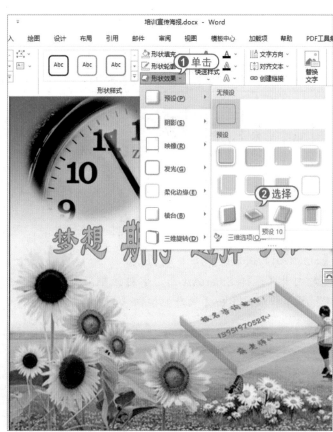

图 2-30

2.2　制作"公司组织结构图"

Word 2019 提供了 SmartArt 图形功能，用来说明各种概念性的内容。使用该功能，可以轻松制作各种流程图，如层次结构图、矩阵图、关系图等。其中公司组织结构图用于表现企业、机构或系统中的层次关系，在办公中有着广泛的应用。

2.2.1　插入 SmartArt 图形

Word 2019 提供了多种 SmartArt 模板图形供用户选择，在制作公司组织结构图时，用户可根据实际需求选择模板并将其插入文档中。

首先，根据公司的组织结构，在草稿上绘制一个草图，如图 2-31 所示。

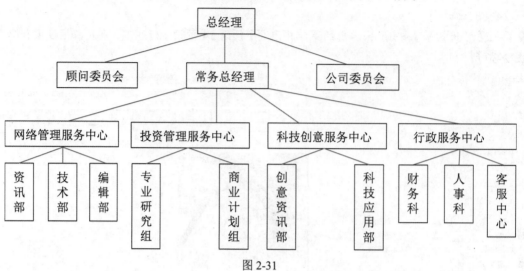

图 2-31

01 新建一个名为"公司组织结构图"的 Word 文档，单击【插入】选项卡的【插图】组中的【SmartArt】按钮，如图 2-32 所示。

02 打开【选择 SmartArt 图形】对话框，对照草稿上绘制的草图，选择与结构最接近的【层次结构】模板，单击【确定】按钮，如图 2-33 所示。

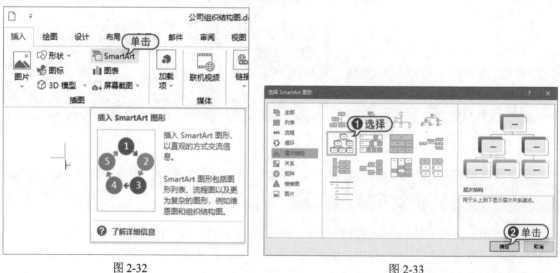

图 2-32   图 2-33

03 为了保证组织结构图在文档的中央位置，需要对插入的图形进行调整，将光标放在 SmartArt 图的左下方，如图 2-34 所示。

04 单击【段落】组中的【居中】按钮，如图 2-35 所示，SmartArt 图形便自动位于页面中间。

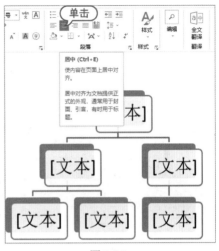

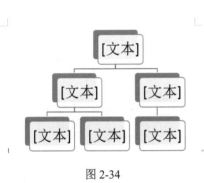

图 2-34

图 2-35

2.2.2　调整 SmartArt 图形结构

　　SmartArt 图形的模板并不能完全符合实际需求，有时需要对结构进行调整。调整 SmartArt 图形的结构时，需要对照之前的草图，在恰当的位置添加图形，并删除多余的图形。

01　选中第二排右边的图形，选择【SmartArt 设计】选项卡下【添加形状】菜单中的【在后面添加形状】选项，如图 2-36 所示。

02　按住 Ctrl 键，同时选中第三排的图形，如图 2-37 所示，按键盘上的 Delete 键将其删除。

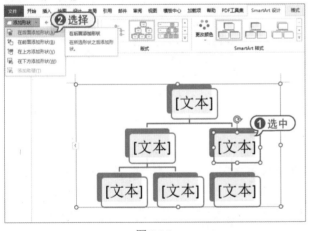

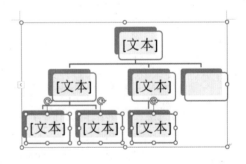

图 2-36

图 2-37

03　选中第二排中间的图形，选择【SmartArt 设计】选项卡下【添加形状】菜单中的【在下方添加形状】选项，如图 2-38 所示。

04　按照相同的方法，继续添加第三排和第四排的图形，此时完成公司组织结构图框架的制作，如图 2-39 所示。

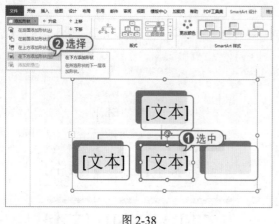

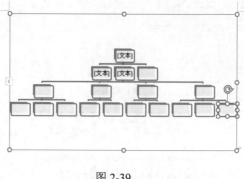

图 2-38   图 2-39

05 完成 SmartArt 图形的结构制作后，可以拉长图形之间的连接线，使整个结构图能够更好地填充文档页面，选中第一排的图形，按上方向键让图形往上移动至合适位置，如图 2-40 所示。

06 按住 Ctrl 键，同时选中最下一排的图形，按下方向键让图形往下移动至合适位置，如图 2-41 所示。

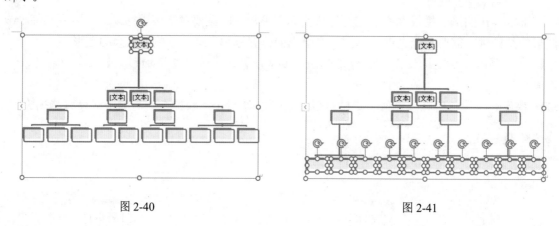

图 2-40   图 2-41

2.2.3　添加组织结构图的文字

完成 SmartArt 图形结构制作后，就可以开始输入文字了。输入文字时要考虑字体的格式，以使其与图形相符且清晰美观。

在 SmartArt 图形中添加文字的方法很简单，选中具体图形，然后输入文字即可。SmartArt 图形默认的文字字体是宋体，为使文字更具表现力，用户可以为文字设置加粗格式并改变字体、字号等。

01 选中第一排的图形，在图形中出现光标后输入文字，如图 2-42 所示。

02 按照相同的方法，继续输入结构图所有图形中的文字，如图 2-43 所示。

03 选中最上方的图形，单击自动浮现的【字体】面板中的【加粗】按钮，如图 2-44 所示。

04 选中文字，在自动浮现的【字体】面板中选择【方正毡笔黑简体】字体，如图 2-45 所示；然后按照相同的方法为所有文字设置字体。

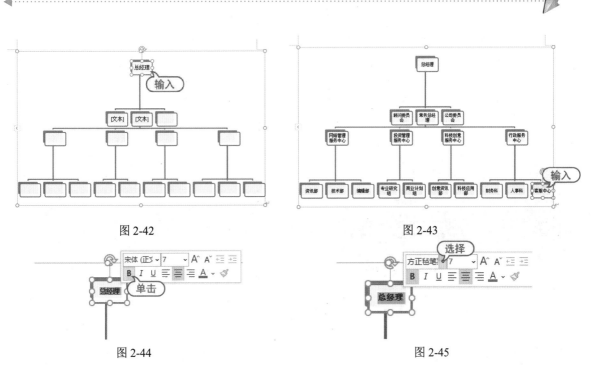

图 2-42　　　　　　　　　　　　　　　　　　图 2-43

图 2-44　　　　　　　　　　　　　　　　　　图 2-45

2.2.4　美化组织结构图样式

完成 SmartArt 图形的文字输入后，即进入最后的样式调整环节，用户可以对图形的颜色、效果等进行调整。

1. 修改 SmartArt 图形形状

SmartArt 图形中的形状可以根据文字的数量等需求进行改变。

01 按住 Ctrl 键，同时选中最后一排的所有图形，将鼠标放在其中一个图形的正下方，当鼠标变成双向箭头时，按住鼠标并向下拖动，实现拉长图形的效果，如图 2-46 所示。

02 保持最后一排图形处于选中状态，将鼠标放在其中一个图形的左边线中间，当鼠标变成双向箭头时，按住鼠标左键往右拖动鼠标，如图 2-47 所示。

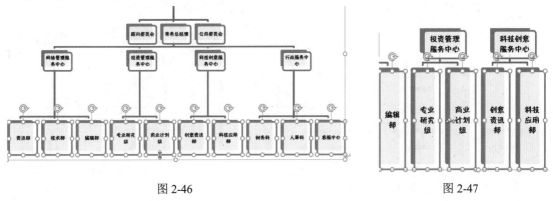

图 2-46　　　　　　　　　　　　　　　　　　图 2-47

03 按住 Ctrl 键的同时选中上面的三排图形，单击【格式】选项卡下【更改形状】下拉列表中的【椭圆】图标，如图 2-48 所示，更改图形形状为椭圆。

04 将鼠标放在第一排椭圆图形的右下角，当鼠标变成倾斜的双向箭头时，按住鼠标不放，往右下方拖动鼠标，如图 2-49 所示。

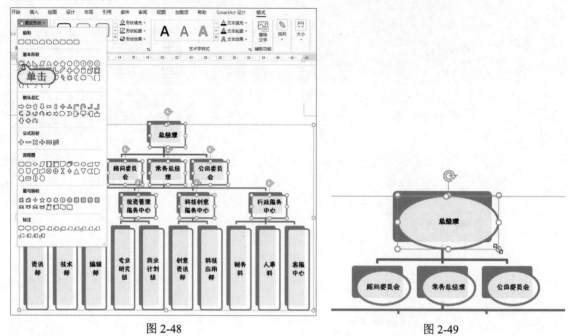

图 2-48　　　　　　　　　　　　　　　　　　图 2-49

05 按住 Ctrl 键，同时选中第二排的图形，将鼠标放在其中一个图形的右边，当鼠标变成双向箭头时按住鼠标不放往右拖动鼠标，如图 2-50 所示。

06 按照相同的方法，调整第三排图形的宽度，以及每排图形之间的间隔，最后完成整个 SmartArt 图形的形状调整，如图 2-51 所示。

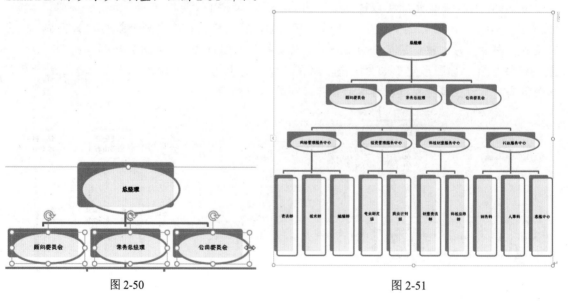

图 2-50　　　　　　　　　　　　　　　　　　图 2-51

2. 套用预设样式

使用 Word 2019 提供的预设样式，可以快速调整 SmartArt 图形。

01 选中 SmartArt 图形，打开【SmartArt 设计】选项卡，单击【更改颜色】按钮，从弹出的列表中选择一种颜色样式，如图 2-52 所示。

02 单击【SmartArt 样式】组中的▼按钮，从弹出的下拉列表中选择一种样式。此时便成功地将系统的样式效果运用到 SmartArt 图形中，如图 2-53 所示。

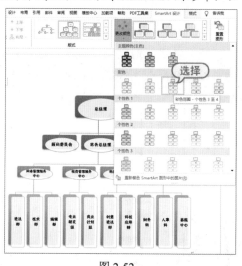
图 2-52

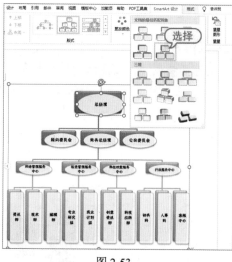
图 2-53

3. 美化图形文字

在完成 SmartArt 图形的结构、样式等设置后，还要根据图形的颜色、大小来检查文字是否与图形相匹配。

01 选中第一排图形，单击【字体】组中的【增大字号】按钮，让字号变大以匹配图形，如图 2-54 所示。

02 使用相同的方法，选中不同的形状，增加文字的字号，使文字尽量充满图形，如图 2-55 所示，至此便完成了公司组织结构图的制作。

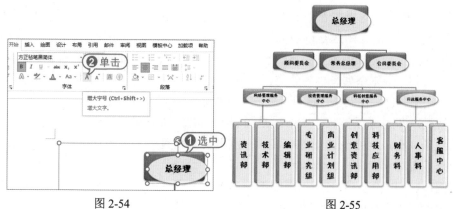

图 2-54　　　　　　　　　　　　图 2-55

2.3　制作"销售统计图表"

Word 2019 提供了建立图表的功能，用来组织和显示信息。与文字数据相比，形象直观的图表更容易使人理解，比如制作销售统计图表可以帮助用户直观地对数据进行对比分析以得出结果。

2.3.1　创建图表

Word 2019 提供了大量预设的图表模板，使用它们可以快速地创建用户所需的图表。图表的基本结构包括图表区、绘图区、图表标题、数据系列、网格线、图例等，如图 2-56 所示。

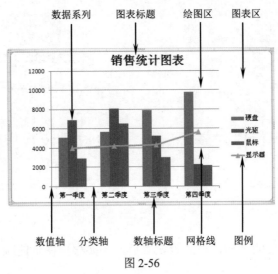

图 2-56

图表的各组成部分介绍如下。

▶ 图表标题：图表标题在图表中起到说明性的作用，是图表性质的大致概括和内容总结，它相当于一篇文章的标题并可用来定义图表的名称。它可以自动与坐标轴对齐或居中排列于图表坐标轴的外侧。

▶ 图表区：图表区指的是包含绘制的整张图表及图表中元素的区域。

▶ 绘图区：绘图区是指图表中的整个绘制区域。二维图表和三维图表的绘图区有所区别。在二维图表中，绘图区是以坐标轴为界并包括全部数据系列的区域；而在三维图表中，绘图区是以坐标轴为界并包含数据系列、分类名称、刻度线和坐标轴标题的区域。

▶ 数据系列：数据系列又称为分类，它指的是图表上的一组相关数据点。每个数据系列都用不同的颜色和图案加以区别。每一个数据系列分别来自于工作表的某一行或某一列。

▶ 网格线：和坐标纸类似，网格线是图表中从坐标轴刻度线延伸并贯穿整个绘图区的可选线条系列。网格线的形式有多种：水平的、垂直的、主要的、次要的，用户还可以根据需要对它们进行组合。

▶ 图例：在图表中，图例是包围图例项和图例项标示的方框，每个图例项左边的图例项标示和图表中相应数据系列的颜色与图案相一致。

▶ 数轴标题：用于标记分类轴和数值轴的名称，默认设置下其位于图表的下面和左面。

Word 提供了多种图表，如柱形图、折线图、饼图、条形图、面积图和散点图等，各种图表各有优点，适用于不同的场合。下面以创建"销售统计图表"文档为例介绍在 Word 2019 中插入图表的步骤。

01 新建一个名为"销售统计图表"的 Word 文档，选择【插入】选项卡，在【插图】组中单击【图表】按钮，如图 2-57 所示。

02 打开【插入图表】对话框，选择【柱形图】选项卡中的【三维簇状柱形图】选项，然后单击【确定】按钮，如图 2-58 所示。

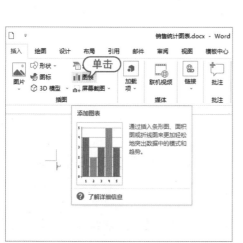

图 2-57　　　　　　　　　　　　　　　　　图 2-58

03 插入图表后，弹出【Microsoft Word 中的图表】Excel 窗口，此表格为图表的默认数据显示，如图 2-59 所示。

04 修改表格中的数据，如将"系列 1"改为"1 月销量"，"类别 1"等数据也可以任意更改，修改后的数据如图 2-60 所示。

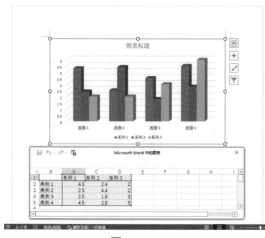

图 2-59

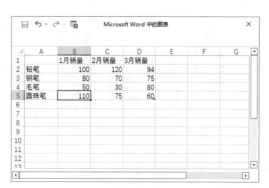

图 2-60

05 单击表格窗口的【关闭】按钮，在 Word 中显示更改数据后的图表，效果如图 2-61 所示。

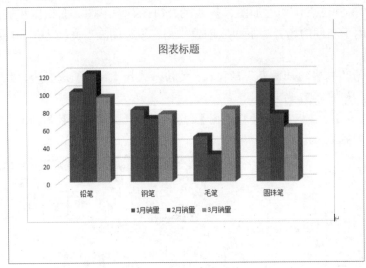

图 2-61

2.3.2 设置图表

插入图表后，打开【图表工具】的【图表设计】和【格式】选项卡，通过功能工具按钮可以设置相应的图表的样式、布局以及格式等，使插入的图表更为直观；或者直接双击图表中的元素，在打开的窗格中设置图表元素。

01 在插入的图表中双击【1 月销量】的【圆珠笔】形状，将打开【设置数据点格式】窗格，如图 2-62 所示。

02 选择【填充与线条】选项卡，选中【纯色填充】单选按钮，设置颜色为天蓝色、透明度为 30%，如图 2-63 所示。

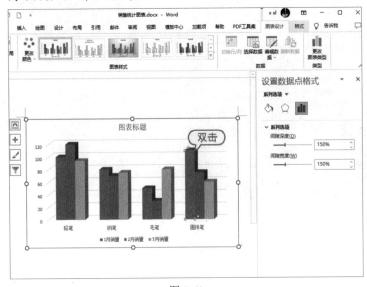

图 2-62

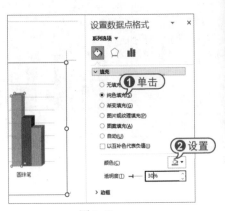

图 2-63

03 单击图表中的绿色形状，即所有 3 月销量的数据柱，在【设置数据系列格式】窗格中选中【渐变填充】单选按钮，设置渐变颜色，图表柱体效果如图 2-64 所示。

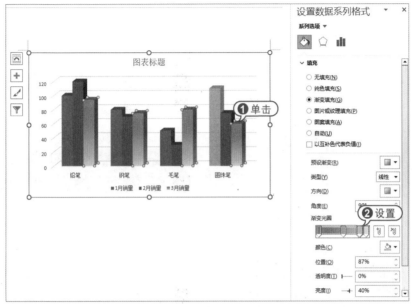

图 2-64

04 选择图表，打开【图表设计】选项卡，单击【添加图表元素】按钮，在下拉菜单中选择【数据标签】|【数据标注】选项，将数据标注添加在图表中，如图 2-65 所示。

05 单击标注，在【设置数据标签格式】窗格中选择【标签选项】选项卡，在【标签选项】组中取消选中【类别名称】复选框，效果如图 2-66 所示。

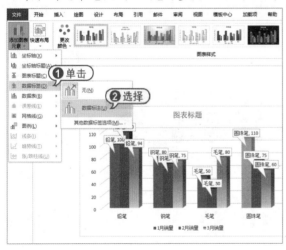

图 2-65

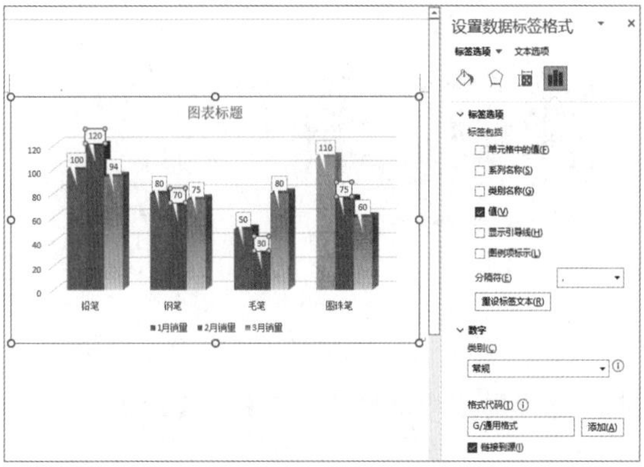

图 2-66

06 选择图表中的【图表标题】文本框，输入"文具销量"，设置文本字体为【华文楷体】，字号为 20，加粗，字体颜色为蓝色，如图 2-67 所示。

07 选择图表下方的【图例】文本框，打开【格式】选项卡，单击【形状样式】组中的【其他】按钮，选择一种样式，如图 2-68 所示。

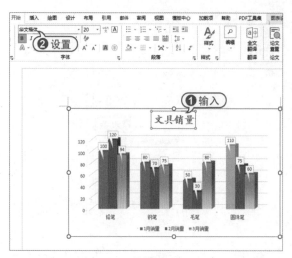

图 2-67   图 2-68

08 选中表格的背景墙区域，在【设置背景墙格式】窗格中设置纯色填充颜色，如图 2-69 所示。

09 选中表格的基底区域，在【设置基底格式】窗格中设置纯色填充颜色，如图 2-70 所示。

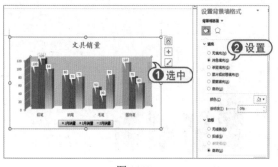   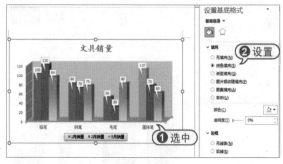

图 2-69   图 2-70

10 选中图表中的图表区，打开【设置图表区格式】窗格，设置填充颜色为渐变颜色，如图 2-71 所示。

11 选中图表，打开【格式】选项卡，单击【艺术字样式】组中的【快速样式】按钮，选择一种艺术字样式，改变图表内字体格式，如图 2-72 所示。

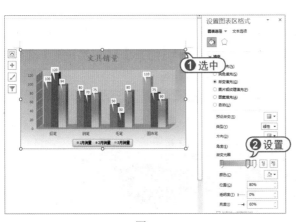

图 2-71

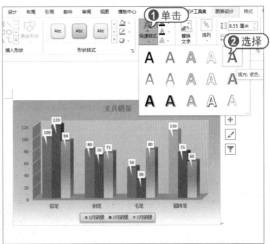

图 2-72

2.4　高手技巧

技巧 1：避免 SmartArt 图形中文字溢出

在调整 SmartArt 图形中文字的大小时，如果想避免文字溢到图形边框，让文字与图形保留一定的边距，可以通过文本框边距设置来实现。方法是选中图形后，右击鼠标，在弹出的快捷菜单中选择【设置形状格式】命令，如图 2-73 所示，打开【设置形状格式】窗格，在【文本选项】选项卡中选择【布局属性】，进行边距设置，如图 2-74 所示。

图 2-73

图 2-74

技巧 2：更改图表类型

　　如果对创建的图表类型不满意，可以使用 Word 2019 提供的更改图表类型功能来设置。首先选择创建好的图表，单击【图表设计】选项卡中的【更改图表类型】按钮，如图 2-75 所示。打开【更改图表类型】对话框，选择要更改的图表类型，比如选择【饼图】|【三维饼图】选项，单击【确定】按钮，如图 2-76 所示，即可完成更改图表类型的操作。

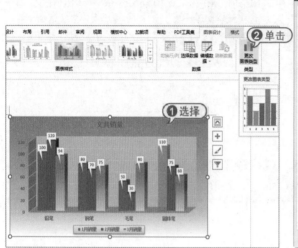

图 2-75

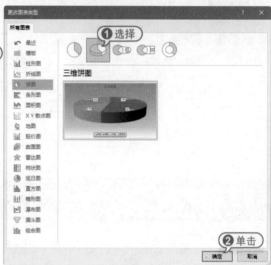

图 2-76

第3章
Word 办公文档高级排版

| 本章导读 |

在 Word 2019 中，使用样式编辑功能可以优化文档的格式编排效率，使用审阅修订功能可以对文档进行查漏补缺。本章将通过制作"公司年度总结"和审阅"档案管理制度"等内容，介绍使用 Word 2019 新建、编辑样式和审核文档等的操作方法与技巧。

3.1 制作"公司年度总结"

年度总结报告是公司常用文档之一，使用 Word 2019 的样式功能可以快速调整文档格式，使报告内容的样式整齐美观。

3.1.1 应用内置样式

样式就是字体格式和段落格式等特性的组合，在 Word 排版中使用样式可以快速提高工作效率，从而迅速改变和美化文档的外观。Word 系统自带了一个样式库，在制作公司年度总结时，可以快速应用样式库中的样式来设置文本及段落等格式。

1. 套用主题样式

Word 2019 自带主题，主题包括字体、字体颜色和图形对象的效果设置。应用主题可以快速调整文档基本的样式。

01 启动 Word 2019，打开一个名为"公司年度总结"的文档，单击【设计】选项卡中的【主题】按钮，从弹出的下拉菜单中选择【包裹】主题样式，如图 3-1 所示。

02 此时文档就可以应用选择的主题样式，效果如图 3-2 所示。

图 3-1　　　　　　　　　　　　图 3-2

2. 套用文档样式

在 Word 2019 中，除主题外，还可以使用系统内置的样式，快速调整文档内容的格式。

01 单击【设计】选项卡的【文档格式】组中的▼按钮，在弹出的样式列表中选择【极简】样式，如图 3-3 所示。

02 此时文档即可应用选择的样式，效果如图 3-4 所示。

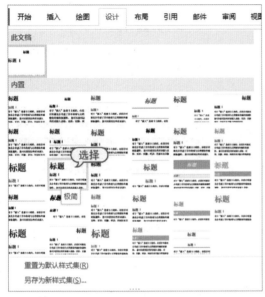

图 3-3　　　　　　　　　　　　　　　　　　　图 3-4

3. 套用标题样式

在公司年度总结报告中，不同级别的标题有多个。为提高效率，每级标题的样式可以设置一次，然后利用格式刷完成同级标题的样式设置。

01 标题前面带有大写序号的是 1 级标题，选中这个标题；单击【开始】选项卡的【段落】组中的对话框启动器按钮，打开【段落】对话框，设置其大纲级别为【1 级】，然后单击【确定】按钮，如图 3-5 所示。

02 标题前面带有括号序号的是 2 级标题，选中这个标题；单击【开始】选项卡的【段落】组中的对话框启动器按钮，打开【段落】对话框，设置其大纲级别为【2 级】，然后单击【确定】按钮，如图 3-6 所示。

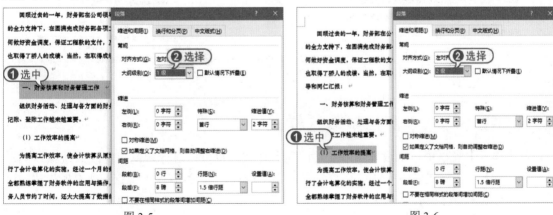

图 3-5　　　　　　　　　　　　　　　　　　　图 3-6

03 保持选中 2 级标题，在【开始】选项卡的【样式】组中选择标题样式，如选择【强调】，标题就会套用这种样式，如图 3-7 所示。

04 单击【开始】选项卡中的【格式刷】按钮，鼠标将变为刷子形状，然后依次选中其他的 2 级标题，如图 3-8 所示，将该样式应用到所有的 2 级标题中。

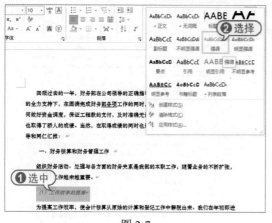

图 3-7

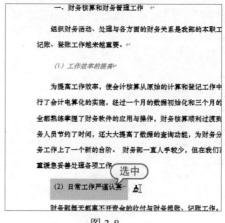

图 3-8

05 使用格式刷，将 1 级标题应用到每个大写序号的段落中，如图 3-9 所示。

06 选择【视图】选项卡，选中【导航窗格】复选框，即可打开导航窗格，显示文档中 1 级标题和 2 级标题的状态，如图 3-10 所示。

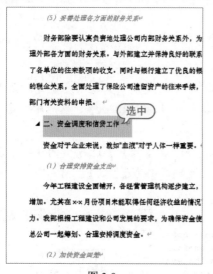

图 3-9

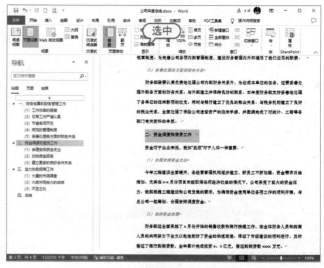

图 3-10

3.1.2　在【样式】窗格中设置样式

在【样式】窗格中可以设置当前文档的所有样式，也可以自行新建和修改系统预设的样式。默认情况下，样式窗格中只显示"当前文档中的样式"，为方便用户查看所有的样式，可以打开【样式】窗格中的所有样式。

01 单击【开始】选项卡的【样式】组中的【样式】按钮，如图 3-11 所示。

02 在打开的【样式】窗格下方单击【选项】按钮，如图 3-12 所示。

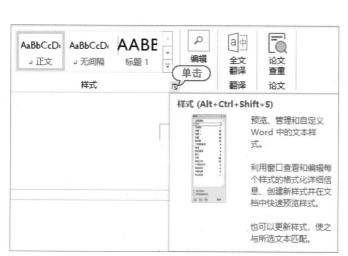

图 3-11 图 3-12

03 在打开的【样式窗格选项】对话框中选择要显示的样式为【所有样式】，选中【选择显示为样式的格式】下方的所有复选框，单击【确定】按钮，如图 3-13 所示。

04 此时【样式】窗格中会显示所有样式，将鼠标光标放置到任意文字段落中，【样式】窗格中则会出现这段文字对应的样式，如图 3-14 所示。

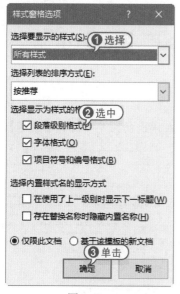

图 3-13

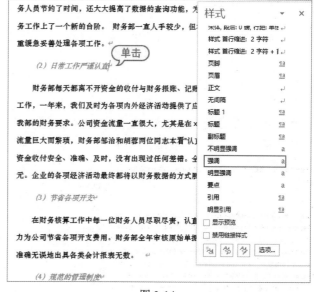

图 3-14

3.1.3　新建样式

如果现有文档的内置样式与所需格式设置相去甚远时，创建一个新样式将会更为便捷。

01 在【样式】窗格下方单击【新建样式】按钮，打开【根据格式化创建新样式】对话框，设置新样式【名称】为"1 级标题新样式"，并设置字体格式、行距等选项，然后单击【确定】按钮，如图 3-15 所示。

02 此时 1 级标题成功应用新样式，利用格式刷将此样式复制到所有的 1 级标题中，即可完成 1 级标题的新样式设置，如图 3-16 所示。

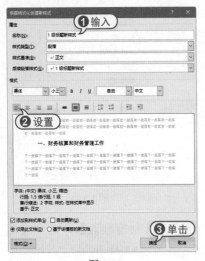

图 3-15

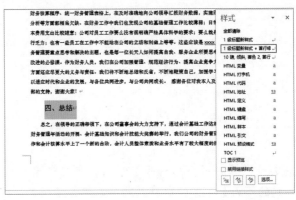

图 3-16

3.1.4　修改样式

当完成样式的设置后，用户如果对样式不满意，可以对其进行修改。修改样式后，所有应用该样式的文本都会自动调整样式。

01 将光标放到正文中的任意位置，表示选中这个样式，在【样式】窗格中右击选中的样式，选择快捷菜单中的【修改样式】命令，如图 3-17 所示。

02 打开【修改样式】对话框，单击左下方的【格式】按钮，在弹出的菜单中选择【段落】命令，如图 3-18 所示。

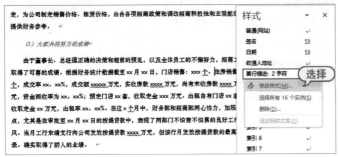

图 3-17

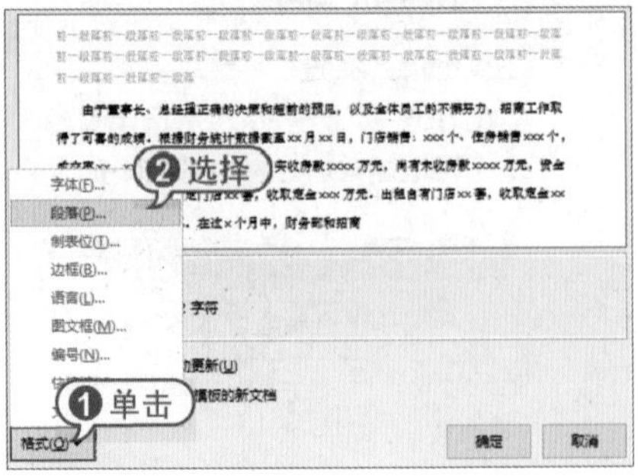

图 3-18

03 在打开的【段落】对话框中设置【段后】为 "8 磅"，设置【行距】为【1.5 倍行距】，然后单击【确定】按钮，如图 3-19 所示。

04 返回【修改样式】对话框，单击【确定】按钮，此时文档中的所有正文已应用修改后的新样式，效果如图 3-20 所示。

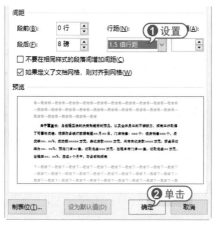

图 3-19

图 3-20

3.1.5 选择封面样式

Word 2019 中系统自带的样式主要针对内容文本，但是公司的年度总结报告需要有一个美观的封面，总结报告的封面用于显示这是何种文档，以及文档的制作人等相关信息，这就需要用户自己进行样式设置。

01 在【插入】选项卡中单击【封面】按钮，在弹出的列表框中选择【平面】封面样式，如图 3-21 所示。

02 插入封面后，在自带的文本框中输入文本内容，如图 3-22 所示。

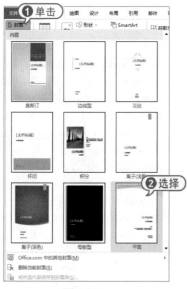

图 3-21

图 3-22

3.1.6　设置目录样式

根据文档中设置的标题大纲级别可以添加目录，然后对目录样式进行调整，以满足对文档的需求。

01 将光标放到正文最开始的位置，单击【布局】选项卡中的【分隔符】按钮，选择下拉菜单中的【分页符】命令，如图 3-23 所示，插入空白页。

02 在空白页中输入文字"目录"，设置字体为【微软雅黑】、字号为【小二】，设置加粗、左对齐格式，并打开【字体】对话框，设置文字的间距为【加宽】【10磅】，如图 3-24 所示。

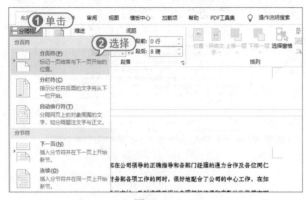

图 3-23

图 3-24

03 在【引用】选项卡中单击【目录】下拉按钮，选择【自定义目录】命令，打开【目录】对话框，选择【制表符前导符】类型，单击【确定】按钮，如图 3-25 所示。

04 拖动鼠标选中所有的目录内容，设置目录的字体为【微软雅黑】、字号为【小四】，并设置加粗格式，如图 3-26 所示。

图 3-25

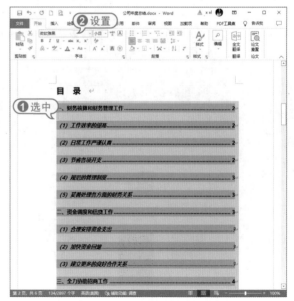

图 3-26

05 用鼠标拖动选中"一、"下方的 2 级标题目录，打开【段落】对话框，设置目录的段落缩进，如图 3-27 所示；用同样的方法设置其余的 2 级标题目录格式。

06 此时完成目录页的设置，效果如图 3-28 所示。

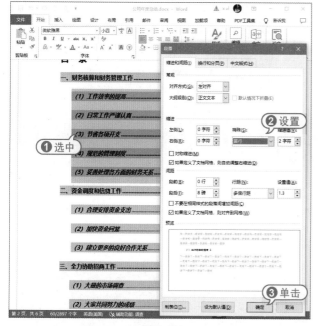

图 3-27

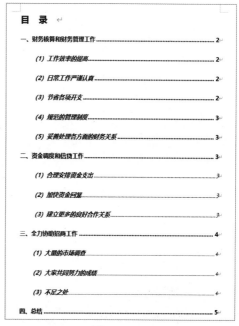

图 3-28

3.2　审阅"档案管理制度"

　　档案管理制度文档完成后，通常需要提交给领导或相关人员审阅。领导在审阅文档时，使用 Word 2019 中的修订等功能，在文档中根据自己的修改意见进行修订，同时在修改过的地方添加标记，以便让文档原制作者检查和修改。

3.2.1　校对拼写和语法

　　在编写文档时，可能会因为一时疏忽或操作失误，导致文章中出现一些错误的字词或语法错误。利用 Word 中的拼写和语法检查功能可以快速找出和修改这些错误。

01 启动 Word 2019，打开"档案管理制度"文档，切换到【审阅】选项卡，单击【校对】组中的【拼写和语法】按钮，如图 3-29 所示。

02 此时会在文档的右侧弹出【校对】窗格，并自动定位到第一个有语法问题的文档位置；如果有错误，直接在原文中进行更正即可，如果无错误，单击【忽略】按钮即可，如图 3-30所示。

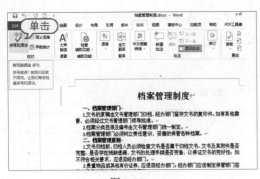
图 3-29

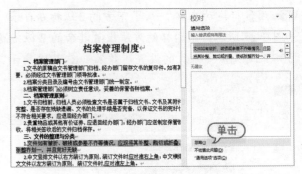
图 3-30

03 忽略了语法错误后，会进行下一处语法错误的查找，如果没有错误，继续单击【忽略】按钮，直到完成文档所有内容的错误查找，如图 3-31 所示。

04 此时会弹出提示对话框提示检查完成，单击【确定】按钮，如图 3-32 所示。

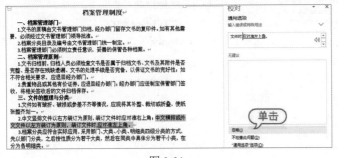
图 3-31

图 3-32

3.2.2　在修订状态下修改文档

在审阅文档时，发现某些内容多余或有遗漏，如果直接在文档中删除或修改，将不能看到原文档和修改后文档的对比情况。使用 Word 2019 的修订功能，可以将用户修改的每项操作以不同的颜色标识出来，方便用户进行对比和查看。

01 单击【审阅】选项卡的【修订】组中的【修订】按钮，如图 3-33 所示。

02 进入修订状态后，直接选中标题，在【开始】选项卡的【字体】组中调整标题的字体、字号和加粗格式，此时在页面右边会出现修订标记，如图 3-34 所示。

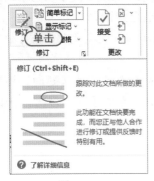
图 3-33

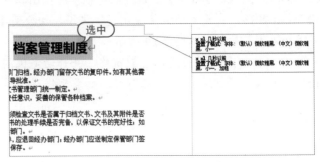
图 3-34

03 将光标定位到文档中的"使纸张整齐划一"内容后的这句话末尾的句号前，按 Delete 键删除"。"，再输入"，"和其他文字内容，此时添加的文字下方有一条红色横线，如图 3-35 所示。

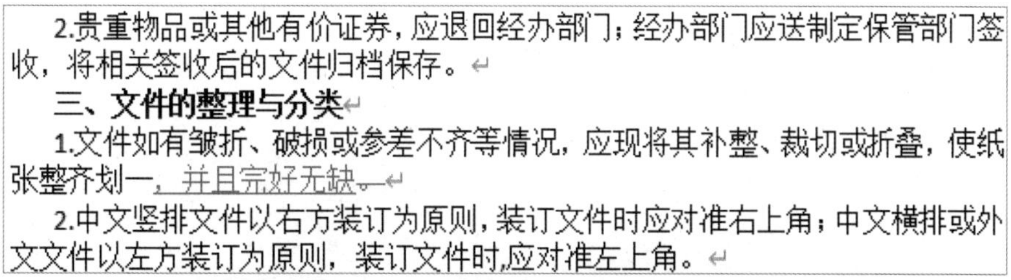

> 2.贵重物品或其他有价证券，应退回经办部门；经办部门应送制定保管部门签收，将相关签收后的文件归档保存。
> **三、文件的整理与分类**
> 1.文件如有皱折、破损或参差不齐等情况，应现将其补整、裁切或折叠，使纸张整齐划一，并且完好无缺。
> 2.中文竖排文件以右方装订为原则，装订文件时应对准右上角；中文横排或外文文件以左方装订为原则，装订文件时，应对准左上角。

图 3-35

04 选中并删除多余的内容，此时被删除的文字上会被画一条红色横线，如图 3-36 所示。

> 3.档案分类应符合实际应用，采用部门、大类、小类、明细类四级分类的方式，先以部门分类，之后按性质分为若干大类，然后在同类中具体分为若干小类，在分为各明细类。
> 4.明细类采用文件夹装订，并在文件夹首页设置目录表，以便查阅。

图 3-36

05 添加和删除内容的操作并没有显示在批注框内，用户可以设置批注框显示。单击【审阅】选项卡的【修订】组中的【显示标记】下拉按钮，选择下拉菜单中的【批注框】|【在批注框中显示修订】命令，页面右侧会出现批注框并显示修订内容，如图 3-37 所示。

06 文档修订后，可以打开审阅窗格，里面会显示有关审阅的信息；单击【审阅】选项卡的【修订】组中的【审阅窗格】按钮，选择下拉菜单中的【垂直审阅窗格】命令，此时在页面左侧会出现垂直的审阅窗格，从中可以看到有关修订的信息，如图 3-38 所示。

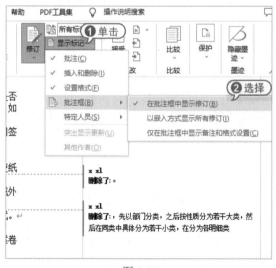

图 3-37

图 3-38

07 单击【审阅】选项卡的【修订】组中的【修订】按钮，如图 3-39 所示，可以退出修订状态。

08 当完成文档修订并退出修订状态后，可以单击【审阅】选项卡的【更改】组中的【下一处】按钮，逐条查看有过修订的内容，如图 3-40 所示。

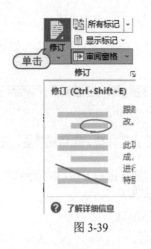
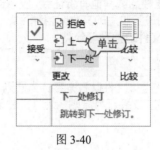

图 3-39   图 3-40

09 如果认同对文档的修改，可以接受修订，单击【审阅】选项卡的【更改】组中的【接受】按钮，选择下拉菜单中的【接受所有修订】命令，如图 3-41 所示。

10 如果不认同对文档的修改，可以拒绝修订，单击【审阅】选项卡的【更改】组中的【拒绝】按钮，选择下拉菜单中的【拒绝所有修订】命令，如图 3-42 所示。

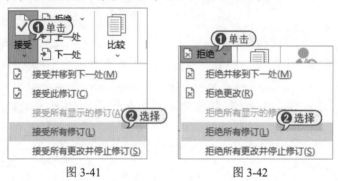

图 3-41   图 3-42

3.2.3 添加和回复批注

修订是指文档进入修订状态时对文档内容进行更改，而批注是指对有问题的内容添加修改意见或提出疑问，而非直接修改内容。当别人对文档添加批注后，文档的原制作者可以浏览批注内容，对批注进行回复或删除批注。

1. 添加批注

批注是在文档内容外添加的一种注释，通常是多个用户对文档内容进行修订和审阅时附加的说明文字。

01 将光标放到文档中需要添加批注的地方，单击【审阅】选项卡的【批注】组中的【新建批注】按钮，如图 3-43 所示。

02 此时会出现批注窗格，在窗格中输入批注内容，如图 3-44 所示，也可以选中一部分文本内容进行批注。

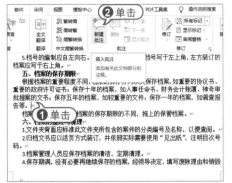

图 3-43

图 3-44

2. 回复批注

当文档原制作者看到别人对文档添加的批注时，可以对批注进行回复。回复是针对批注问题或修改意见做出的答复。

01 将鼠标放到要回复的批注上，单击【答复】按钮，如图 3-45 所示。

02 此时可以输入答复的文字内容，如图 3-46 所示。

图 3-45

图 3-46

03 答复完毕后，如果批注者认为可以接受答复内容，则单击【解决】按钮，表示完成批注的一问一答操作，此时要再次修改答复，则单击【重新打开】按钮，如图 3-47 所示。

04 原制作者在查看别人对文档添加的批注时，如果不认同某条批注，或是认为某条批注是多余的，可以将其删除；方法是将光标放到该批注上，选择【审阅】选项卡的【删除】菜单中的【删除】命令，如图 3-48 所示。

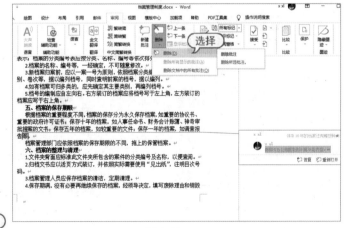

图 3-47

图 3-48

3.3 排版"活动推广方案"

Word 除了基础的排版编辑，还可以使用一些特殊的排版方式创建带有特殊效果的文档。Word 2019 提供了多种特殊的排版方式，如首字下沉、分栏、合并字符等。

3.3.1 首字下沉

首字下沉是报刊中较为常用的一种文本修饰方式。设置首字下沉，就是使第一段开头的第一个字放大。用户可以自行设定放大的程度，首字占据两行或者三行的位置，其他字符围绕在其右下方。

01 启动 Word 2019，打开"活动推广方案"文档，将鼠标光标插入正文第一段前，如图 3-49 所示。

02 选择【插入】选项卡，在【文本】组中单击【首字下沉】按钮，在弹出的菜单中选择【首字下沉选项】命令，如图 3-50 所示。

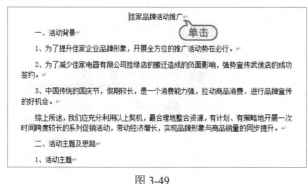

图 3-49   图 3-50

03 打开【首字下沉】对话框，在【位置】选项区域中选择【下沉】选项，在【字体】下拉列表中选择【华文新魏】选项，在【下沉行数】微调框中输入 4，然后单击【确定】按钮，如图 3-51 所示。

04 此时，正文第一段中的首字将以"华文新魏"字体、下沉 4 行的形式显示在文档中，如图 3-52 所示。

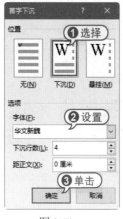

图 3-51

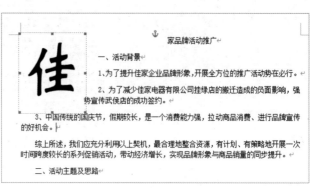

图 3-52

3.3.2　设置分栏

分栏是指按实际排版需求将文本分成若干个条块，使版面更为美观。Word 2019 具有分栏功能，用户可以把每一栏都视为一节，这样就可以对每一栏文本内容单独进行格式化和版面设计。

01 选中正文部分，选择【布局】选项卡，在【页面设置】组中单击【栏】按钮，在弹出的快捷菜单中选择【更多栏】命令，如图 3-53 所示。

02 在打开的【栏】对话框中选择【两栏】选项，选中【栏宽相等】复选框和【分隔线】复选框，然后单击【确定】按钮，如图 3-54 所示。

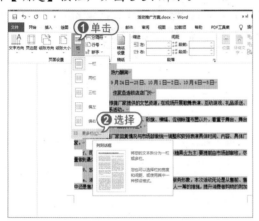

图 3-53

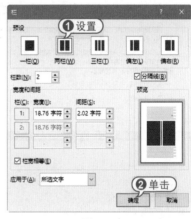

图 3-54

03 此时选中的文本段落将以两栏的形式显示，如图 3-55 所示。

04 选择【布局】选项卡，单击【页面设置】组中的对话框启动器按钮，打开【页面设置】对话框，选择【纸张方向】为【横向】，单击【确定】按钮，如图 3-56 所示。

图 3-55

图 3-56

05 此时文档纸张方向由纵向改为横向，效果如图 3-57 所示。

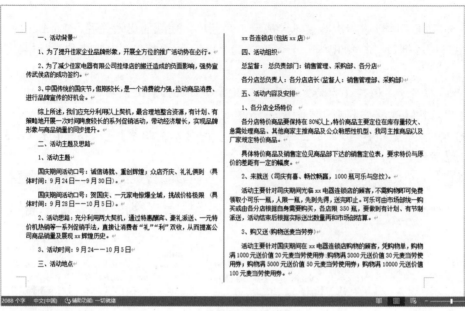

图 3-57

3.3.3 带圈字符

带圈字符是中文字符的一种特殊形式，用于突出、强调文字。在编辑文字时，有时要输入一些特殊的文字，如圆圈围绕的文字、方框围绕的数字等。使用 Word 2019 提供的带圈字符功能，可以轻松为字符添加圈号，制作出各种带圈字符。

01 选中首字下沉后的文本【佳】，打开【开始】选项卡，在【字体】组中单击【带圈字符】按钮，如图 3-58 所示。

02 打开【带圈字符】对话框，在【样式】选项区域中选择字符样式，在【圈号】列表框中选择所需的圈号，单击【确定】按钮，如图 3-59 所示。

图 3-58

图 3-59

03 此时即可显示设置了带圈效果的首字，效果如图 3-60 所示。

图 3-60

 提示

　　在 Word 中带圈字符的内容只能是一个汉字或者占两个字符的字母、数字等，当超出限制后，Word 自动以第一个汉字或前两个字母、数字等作为选择对象进行设置。

3.3.4 纵横混排

　　默认情况下，文档窗口中的文本内容都是横向排列的，有时出于某种需要必须使文字纵横混排(如对联中的横批和上联、下联)，这时可以使用 Word 2019 的纵横混排功能，使横向排版的文本在原有的基础上向左旋转 90°。

01 选中正文中的文本"畅饮畅赢"，在【开始】选项卡的【段落】组中单击【中文版式】按钮 ，在弹出的菜单中选择【纵横混排】命令，如图 3-61 所示。

02 打开【纵横混排】对话框，选中【适应行宽】复选框，Word 将自动调整文本行的宽度，单击【确定】按钮，如图 3-62 所示。

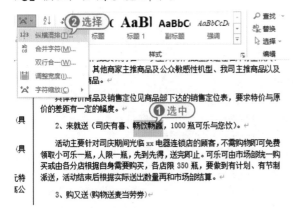

图 3-61

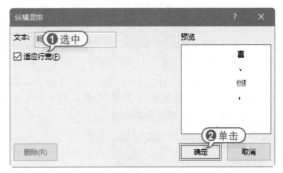

图 3-62

03 此时即可显示纵排文本"畅饮畅赢"，并且不超出行宽的范围，效果如图 3-63 所示。

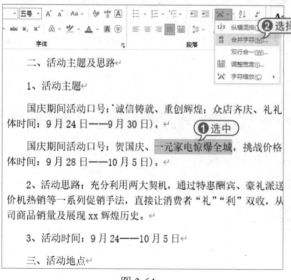

图 3-63

> 💡 **提示**
>
> 如果在【纵横混排】对话框中取消选中【适应行宽】复选框，纵排文本将会保持原有文字大小，超出行宽范围。

3.3.5　合并字符

合并字符是将一行字符分成上、下两行，并按原来的一行字符空间进行显示。此功能在名片制作、出版书籍或发表文章等方面经常用到。

01 选中正文中的文本"一元家电惊爆全城"，在【开始】选项卡的【段落】组中单击【中文版式】按钮 ，在弹出的菜单中选择【合并字符】命令，如图 3-64 所示。

02 打开【合并字符】对话框，在【字体】下拉列表中选择【汉仪彩云体简】选项，在【字号】下拉列表中选择"12"，单击【确定】按钮，如图 3-65 所示。

图 3-64

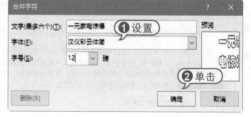

图 3-65

03 此时即可显示合并文本"一元家电惊爆"的效果，因合并的文字最多只有六个，所以文本"全城"未显示，如图 3-66 所示。

国庆期间活动口号：贺国庆、一元家电惊爆，挑战价格极限。(具体时间：9 月

28 日——10 月 5 日)↵

图 3-66

3.3.6　双行合一

双行合一效果能使所选的位于同一文本行的内容平均地分为两部分，前一部分排列在后一部分的上方。在必要的情况下，还可以给双行合一的文本添加不同类型的括号。

01 选中正文中的文本"销售管理、采购部、各分店"，在【开始】选项卡的【段落】组中单击【中文版式】按钮 A▼，在弹出的菜单中选择【双行合一】命令，如图 3-67 所示。

02 打开【双行合一】对话框，选中【带括号】复选框，在【括号样式】下拉列表中选择一种括号样式，单击【确定】按钮，如图 3-68 所示。

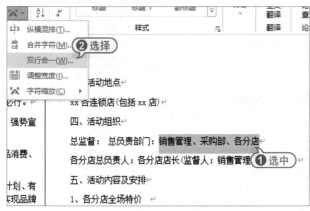

图 3-67

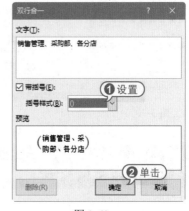

图 3-68

03 此时即可显示双行合一文本的效果，如图 3-69 所示。

四、活动组织↵

总监督：　总负责部门：(销售管理、采购部、各分店)↵

图 3-69

> **提 示**
>
> 合并字符是将多个字符用两行显示，且将多个字符合并成一个整体；双行合一是在一行的空间显示两行文字，且不受字符数限制。

04 单击【设计】选项卡中的【页面颜色】下拉按钮，在弹出的菜单中选择一种颜色，如图 3-70 所示。

05 此时文档的所有页面颜色发生改变，效果如图 3-71 所示。

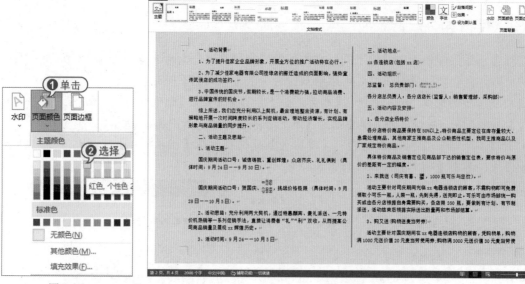

图 3-70   图 3-71

3.4　高手技巧

技巧 1：文字竖排功能

古人写字都是以从右至左、从上至下的方式进行竖排书写，但现代人都是以从左至右方式书写文字。使用 Word 2019 的文字竖排功能，可以轻松执行古代诗词的输入（即竖排文档），从而还原古书的效果。首先选中所有文字，然后选择【布局】选项卡，在【页面设置】组中单击【文字方向】按钮，在弹出的菜单中选择【垂直】命令，如图 3-72 所示。此时，文字内容将以从上至下，从右到左的方式进行排列，如图 3-73 所示。

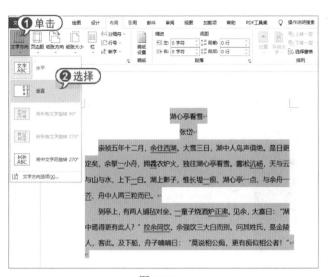

图 3-72

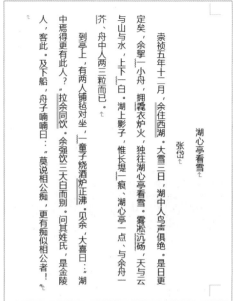

图 3-73

技巧 2：转换 Word 文档为 PDF 格式

Word 2019 提供了 PDF 功能，使用该功能可以直接将 Word 文档发布为 PDF 格式。首先单击【文件】按钮，选择【另存为】选项，然后在中间的窗格中单击【浏览】按钮，打开【另存为】对话框，在【保存类型】下拉列表中选择【PDF】选项，单击【保存】按钮，如图 3-74 所示。此时，即可将文档转换为 PDF 格式，自动启动 PDF 阅读器打开创建好的 PDF 文档，如图 3-75 所示。

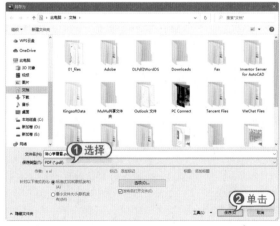

图 3-74

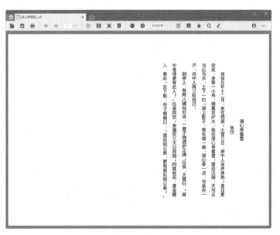

图 3-75

技巧 3：设置 Word 文档的打印范围

首先单击【文件】按钮，选择【打印】选项，可以在打开的界面中设置打印份数、打印机属性、打印页数、打印范围等选项。在【设置】选项区域的【打印所有页】下拉列表中选择【自定义打印范围】选项，在其下的【页数】文本框中输入"3-6"，表示打印范围为第 3 页至第 6 页的文档内容，如图 3-76 所示。然后单击【打印】按钮，如图 3-77 所示，即可开始打印文档。

图 3-76

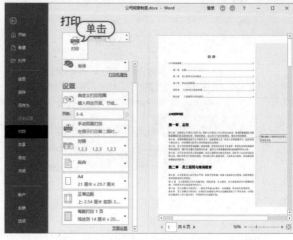
图 3-77

第 4 章
Excel 表格初级编辑

| 本章导读 |

　　Excel 2019 是目前最强大的电子表格制作软件之一，它具有强大的数据组织、计算、分析和统计功能。本章将通过制作"员工档案表"和"员工业绩表"等 Excel 工作簿，介绍使用 Excel 2019 创建表格文件以及输入与编辑数据的操作技巧。

4.1　新建"员工档案表"

Excel 2019 的基本对象包括工作簿、工作表与单元格。本节将以新建"员工档案表"为例，介绍新建工作簿和工作表、重命名工作表、保存工作簿等表格的基础操作。

4.1.1　创建空白工作簿

工作簿是 Excel 用来处理和存储数据的文件。新建的 Excel 文件就是一个工作簿，它可以由一个或多个工作表组成。

01　启动 Excel 2019 后，在打开的界面中选择【新建】选项，单击【空白工作簿】按钮，如图 4-1 所示。

02　此时将创建一个名为"工作簿 1"的空白工作簿，如图 4-2 所示。

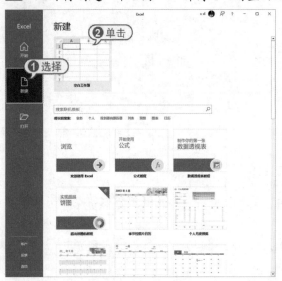

图 4-1

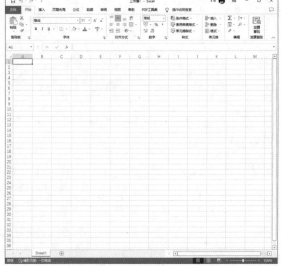

图 4-2

> **提示**
>
> 除了可以新建空白工作簿以外，用户还可以通过软件自带的模板创建有内容的工作簿，从而大幅度地提高工作效率。选择【新建】选项后，在下面的模板中选择一款工作簿，或在文本框内输入关键字搜索相应的模板选项，单击【创建】按钮即可开始联网下载模板并创建工作簿。

4.1.2　选定工作表

在实际工作中，由于一个工作簿中往往包含多个工作表，因此操作前需要先选取工作表。选取工作表的常用操作包括以下 4 种。

　▶ 选定一张工作表：直接单击该工作表的标签即可，如图 4-3 所示。

▶ 选定相邻的工作表：首先选定第一张工作表标签，然后按住 Shift 键不放并单击其他相邻工作表的标签即可，如图 4-4 所示。

图 4-3

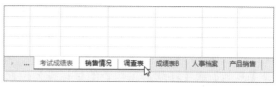

图 4-4

▶ 选定不相邻的工作表：首先选定第一张工作表，然后按住 Ctrl 键不放并单击其他任意一张或多张工作表标签即可，如图 4-5 所示。
▶ 选定工作簿中的所有工作表：右击任意一个工作表标签，在弹出的快捷菜单中选择【选定全部工作表】命令即可，如图 4-6 所示。

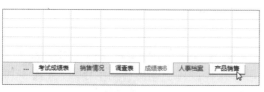

图 4-5

图 4-6

4.1.3　移动和复制工作表

通过复制操作，可以在同一个工作簿或者不同的工作簿间创建工作表的副本，还可以通过移动操作，在同一个工作簿中改变工作表的排列顺序，也可以在不同的工作簿之间转移工作表。

1. 通过菜单实现工作表的复制与移动

在 Excel 中有以下两种方法可以打开【移动或复制工作表】对话框。

▶ 右击工作表标签，在弹出的快捷菜单中选择【移动或复制】命令，如图 4-7 所示，打开【移动或复制工作表】对话框，如图 4-8 所示。

图 4-7

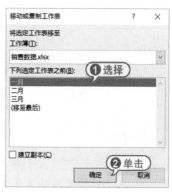

图 4-8

▶ 选中需要进行移动或复制的工作表，在 Excel 功能区中选择【开始】选项卡，在【单元格】组中单击【格式】按钮，在弹出的菜单中选择【移动或复制工作表】命令。

在【移动或复制工作表】对话框中，在【工作簿】下拉列表中可以选择【复制】或【移动】的目标工作簿。用户可以选择当前 Excel 软件中所有打开的工作簿或新建工作簿，默认为当前工作簿。【下列选定工作表之前】列表框中显示了指定工作簿中所包含的全部工作表，可以选择【复制】或【移动】工作表的目标排列位置。在【移动或复制工作表】对话框中，选中【建立副本】复选框，为【复制】方式；取消该复选框的选中状态，则为【移动】方式。

提示

> 另外，在复制和移动工作表的过程中，如果当前工作表与目标工作簿中的工作表名称相同，则会被自动重命名，例如 Sheet1 将会被命名为 Sheet1(2)。

2. 通过拖动实现工作表的复制与移动

拖动工作表标签来实现移动或者复制工作表的操作步骤非常简单，具体如下。

将鼠标光标移至需要移动的工作表标签上，单击鼠标，鼠标指针显示出文档的图标，此时可以拖动鼠标将当前工作表移至其他位置，如图 4-9 所示。

拖动一个工作表标签至另一个工作表标签的上方时，被拖动的工作表标签前将出现黑色三角箭头图标，以此标识了工作表的移动插入位置，此时如果释放鼠标即可移动工作表，如图 4-10 所示。

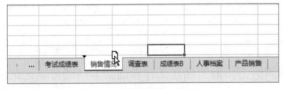

图 4-9   图 4-10

如果按住鼠标左键的同时按住 Ctrl 键，则执行复制操作，此时鼠标指针显示的文档图标上还会出现一个 + 号，以此来表示当前操作为复制，如图 4-11 所示。当显示有三角符号时松开鼠标，则在此处复制该工作表，由于工作表同名，复制的工作表名称后面会加 (2)，如图 4-12 所示。

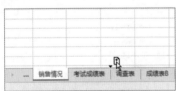   

图 4-11   图 4-12

4.1.4 插入工作表

若工作簿中的工作表数量不够，用户可以在工作簿中创建新的工作表，不仅可以创建空白的工作表，还可以根据模板插入带有样式的新工作表。

01 工作簿中默认工作表的名称为【Sheet1】，单击右侧的⊕按钮即可新建一个工作表【Sheet2】，如图 4-13 所示。

02 如果要将多余的工作表删除，可以右击工作表标签，在弹出的快捷菜单中选择【删除】命令，如图 4-14 所示。

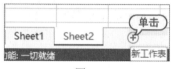

图 4-13

图 4-14

4.1.5 重命名工作表

在 Excel 中，工作表的默认名称为 Sheet1、Sheet2…，为了便于记忆与使用工作表，可以重命名工作表。

01 单击选定【Sheet1】工作表，然后右击鼠标，在弹出的快捷菜单中选择【重命名】命令，如图 4-15 所示。

02 在工作表标签处输入"员工基本信息"，如图 4-16 所示，按 Enter 键确认，然后将【Sheet2】工作表删除。

图 4-15

图 4-16

4.1.6 改变工作表标签的颜色

为了方便用户辨识工作表，将工作表标签设置不同的颜色是一种便捷的方法，具体操作步骤如下。

01 右击工作表标签，在弹出的快捷菜单中选择【工作表标签颜色】命令，如图 4-17 所示。

02 在颜色级联菜单中选择一种颜色，即可为工作表标签设置该颜色，如图 4-18 所示。

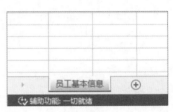

图 4-17   图 4-18

4.1.7 保存工作簿

当用户需要将工作簿保存在计算机硬盘中时，可以参考以下几种方法。

- ▶ 单击【文件】按钮，在打开的菜单中选择【保存】或【另存为】命令。
- ▶ 单击快速访问工具栏中的【保存】按钮 🔲。
- ▶ 按 Ctrl+S 组合键。
- ▶ 按 Shift+F12 组合键。

此外，经过编辑修改却未保存的工作簿在被关闭时，将自动弹出一个警告对话框，询问用户是否需要保存工作簿，单击其中的【保存】按钮，也可以保存当前工作簿。

 提示

> Excel 中有两个和保存功能相关的菜单命令，分别是【保存】和【另存为】命令，这两个命令有以下区别。一是执行【保存】命令，不会打开【另存为】对话框，而是直接将编辑修改后的数据保存到当前工作簿中。工作簿在保存后，文件名、存放路径不会发生任何改变。二是执行【另存为】命令后，选择【浏览】选项，将会打开【另存为】对话框，允许用户重新设置工作簿的存放路径、文件名并设置保存选项。

01 在工作簿的快速访问工具栏中单击【保存】按钮 🔲，如图 4-19 所示。

02 打开【保存此文件】对话框，单击左下方的【更多选项】链接，如图 4-20 所示。

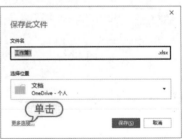

图 4-19   图 4-20

03 打开【另存为】界面，选择【浏览】选项，如图 4-21 所示。

04 打开【另存为】对话框，设置文件保存位置，输入工作簿名称"员工档案表"，单击【保存】按钮即可保存工作簿，如图 4-22 所示。

图 4-21

图 4-22

4.2　制作"员工档案表"

　　员工档案表中，包括编号、姓名、性别、出生年月、学历等一系列员工基本的个人信息。在 Excel 2019 中，需要先输入表格数据，然后设置数据及表格的格式等。

4.2.1　输入文本内容

　　工作表创建完毕后，即可在工作表的单元格中录入需要的信息。用户需要注意区分信息的类型和规律，以符合规则的方式正确输入数据。普通文本信息是 Excel 表格中最常见的一种信息，不需要设置数据类型即可输入。

01 切换至中文输入法，将光标放在第一个单元格 A1 中，输入文本内容，如图 4-23 所示。

02 按照同样的方法，继续输入其他文本内容，如图 4-24 所示。

图 4-23

图 4-24

💡 **提示**

当用户输入数据时，Excel 工作窗口底部状态栏的左侧显示"输入"字样，如图 4-25 所示。原有编辑栏的左边出现两个新的按钮，分别是 ✕ 和 ✓。如果用户单击 ✓ 按钮，可以对当前输入的内容进行确认，如果单击 ✕ 按钮，则表示取消输入，如图 4-26 所示。

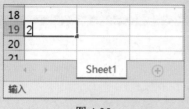

图 4-25

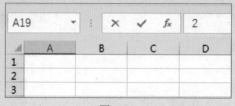

图 4-26

4.2.2　输入文本型数据

文本型数据通常指的是一些非数值型文字、符号等，如企业的部门名称、员工的考核科目、产品的名称等。除此之外，许多不代表数量的、不需要进行数值计算的数字也可以保存为文本形式，如电话号码、身份证号码、股票代码等。如果在数值的左侧输入 0，0 将被自动省略，如 001，则自动会将该值转换为常规的数值格式 1。若要使数字保持输入时的格式，需要将数值转换为文本，可在输入数值时先输入英文状态下的单引号 (')。

01 ▶ 在需要输入文本型数据的单元格中将输入法切换到英文状态，输入单引号 (')，如图 4-27 所示。

02 ▶ 输入"001"，Excel 将自动识别其为文本型数据，如图 4-28 所示。

图 4-27　　　　　　　　　　　　　　　　　图 4-28

03 ▶ 由于员工编号是按顺序递增的，因此可以利用"填充序列"功能完成其他编号内容的填充。将鼠标放到第一个员工编号单元格的右下方，当鼠标变成黑色十字形状时，按住鼠标左键不放，往下拖动，直到拖动的区域覆盖所有需要填充编号序列的单元格，如图 4-29 所示。

04 ▶ 此时编号完成数据填充，效果如图 4-30 所示。

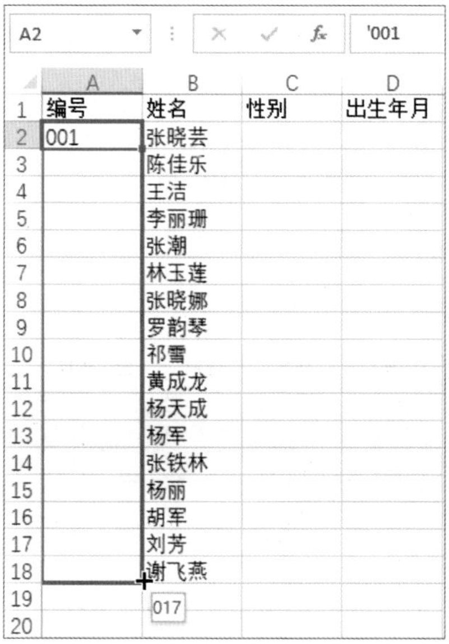

图 4-29

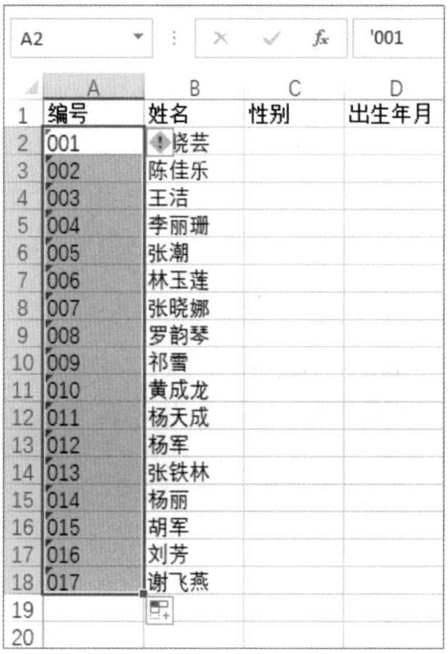

图 4-30

4.2.3 输入日期型数据

在 Excel 中，日期和时间是以一种特殊的数值形式存储的，日期系统的序列值是一个整数数值，如一天的数值单位是 1，那么 1 小时可以表示为 1/24 天，1 分钟可以表示为 1/(24×60) 天等，一天中的每一时刻都可以由小数形式的序列值来表示。

01 选中单元格，单击【开始】选项卡的【数字】组中的对话框启动器按钮，打开【设置单元格格式】对话框，选择【分类】为【日期】，并选择一种【类型】，然后单击【确定】按钮，如图 4-31 所示。

02 在单元格中输入日期数据，如图 4-32 所示。

图 4-31

图 4-32

4.2.4　不同单元格同时输入数据

在输入表格数据时，若某些单元格中需要输入相同的数据，此时可同时输入。方法是同时选中要输入相同数据的多个单元格，输入数据后按 Ctrl+Enter 组合键即可。

01 按住 Ctrl 键，选中要输入数据"大专"的单元格，如图 4-33 所示。

02 此时直接输入"大专"，如图 4-34 所示。

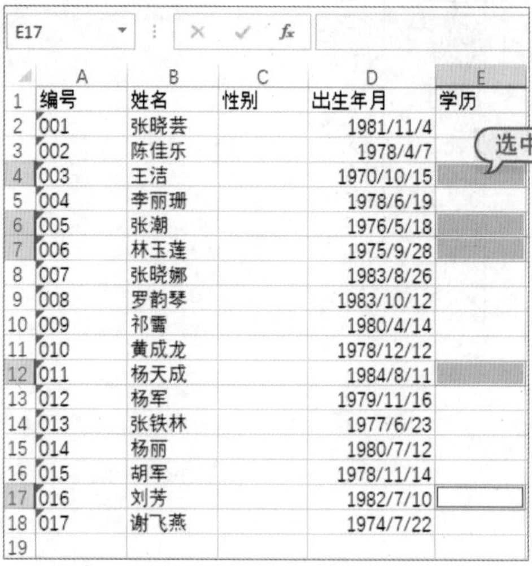

图 4-33 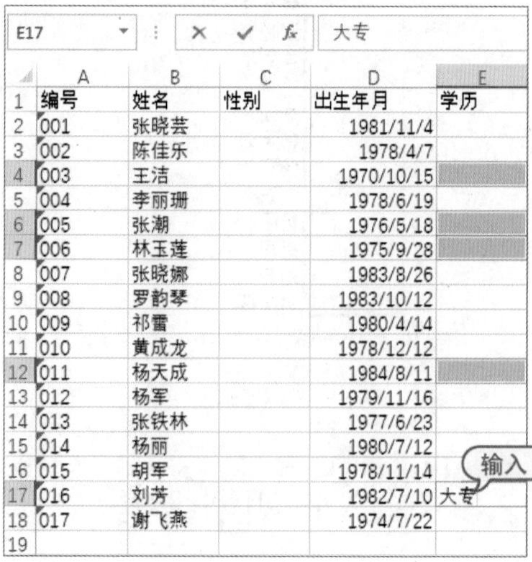　　　　　　　　　　　　　　　　图 4-34

03 按 Ctrl+Enter 组合键，此时选中的单元格中自动填充上输入的数据"大专"，如图 4-35 所示。

04 使用相同的方法继续输入"学历""性别"和"所属部门"列内的数据，并在"联系电话"列内直接输入数据，完成数据的输入，如图 4-36 所示。

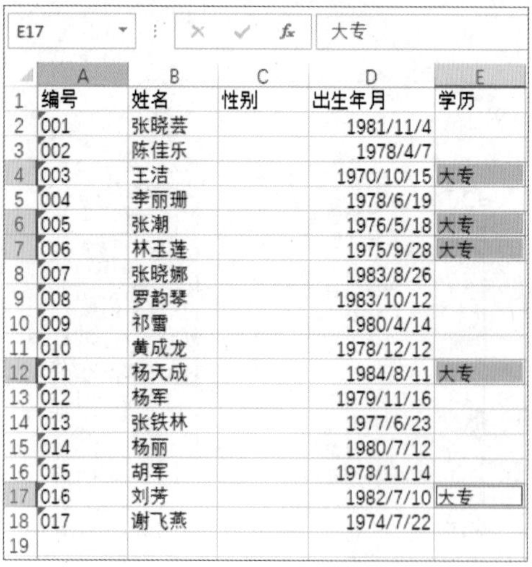

图 4-35　　　　　　　　　　　　　　　　图 4-36

4.2.5　插入行与列

在编辑工作表的过程中，经常需要进行单元格、行和列的插入或删除等编辑操作。

01 将鼠标放到数据列的上方，当鼠标变成黑色箭头时，单击鼠标，表示选中这一列数据，如图 4-37 所示。

02 选中列后，右击鼠标，在弹出的快捷菜单中选择【插入】命令，如图 4-38 所示，此时选中的数据列左边便新建了一列空白数据列。

图 4-37　　　　　　　　　　　　　　　　　　图 4-38

03 使用前面的方法，在空白列的第一行输入标题"签约日期"，在空白列的其他行输入日期型数据，如图 4-39 所示。

04 将鼠标放到数据行的左方，当鼠标变成黑色箭头时，单击鼠标，表示选中这一行数据，如图 4-40 所示。

图 4-39　　　　　　　　　　　　　　　　　　图 4-40

05 右击鼠标，在弹出的快捷菜单中选择【插入】命令，此时选中的数据行上方便新建了一行空白数据行，如图 4-41 所示。

A1	▼	:	×	✓	*fx*			
	A	B	C	D	E	F	G	H
1								
2	☑号	姓名	性别	出生年月	学历	签约日期	所属部门	联系电话
3	001	张晓芸	女	1981/11/4	本科	2003/12/3	编辑	138****8262
4	002	陈佳乐	女	1978/4/7	本科	2001/7/12	工程	135****4251
5	003	王洁	女	1970/10/15	大专	2002/6/23	编辑	139****6873
6	004	李丽珊	女	1978/6/19	本科	2002/7/16	策划	133****1269
7	005	张潮	男	1976/5/18	大专	2005/11/17	编辑	135****3563
8	006	林玉莲	女	1975/9/28	大专	2006/1/8	编辑	132****4023
9	007	张晓娜	女	1983/8/26	本科	2004/8/3	工程	138****7866
10	008	罗韵琴	女	1983/10/12	硕士	2004/12/10	编辑	138****2920
11	009	祁雪	女	1980/4/14	本科	2007/12/18	编辑	137****4227
12	010	黄成龙	男	1978/12/12	本科	1998/2/12	财务	133****0589
13	011	杨天成	男	1984/8/11	大专	2003/3/13	编辑	139****2080
14	012	杨军	男	1979/11/16	本科	1999/1/14	编辑	138****7262
15	013	张铁林	男	1977/6/23	高中	2001/6/23	后勤	138****6314
16	014	杨丽	男	1980/7/12	本科	1998/7/16	财务	135****2264
17	015	胡军	男	1978/11/14	硕士	2005/11/17	工程	133****5554
18	016	刘芳	女	1982/7/10	大专	2004/8/20	策划	138****7623
19	017	谢飞燕	女	1974/7/22	硕士	2002/4/20	工程	138****1264
20								

图 4-41

4.2.6　合并单元格

在编辑表格的过程中，有时需要对单元格进行合并或者拆分操作，以方便用户对单元格的编辑。

要合并单元格，先将需要合并的单元格选定，然后打开【开始】选项卡，在【对齐方式】组中单击【合并单元格】按钮即可。拆分单元格是合并单元格的逆操作，只有合并后的单元格才能够进行拆分。要拆分单元格，用户只需选定要拆分的单元格，然后在【开始】选项卡的【对齐方式】组中再次单击【合并后居中】按钮，即可将已经合并的单元格拆分为合并前的状态，或者单击【合并后居中】下拉按钮，从弹出的下拉菜单中选择【取消单元格合并】命令。

01 选中新建行的 A1:H1 单元格区域，单击【开始】选项卡的【对齐方式】组中的【合并单元格】按钮，选择下拉菜单中的【合并后居中】命令，如图 4-42 所示。

02 合并单元格后，输入标题文本内容，效果如图 4-43 所示。

图 4-42　　　　　　　　　　　　　　　图 4-43

4.2.7　设置文字格式

通常，用户需要对不同的单元格设置不同的字体和对齐方式，使表格内容更加醒目。这里只需要设置标题及表头文字的格式即可。

01 选中标题单元格，在【开始】选项卡的【字体】组中设置标题的字体和字号，如图 4-44 所示。

02 选中表头文字所在行，在【字体】组中设置表头文字的字体和字号，并单击【对齐方式】组中的【居中】按钮，如图 4-45 所示。

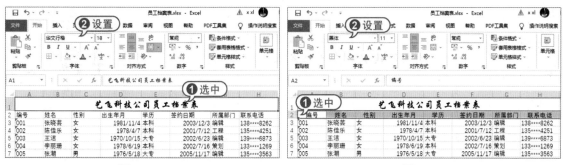

图 4-44　　　　　　　　　　　　　　图 4-45

用户可以按 Ctrl+1 组合键，打开【设置单元格格式】对话框，选择【字体】选项卡，通过更改相应的设置来调整单元格内容的格式，如图 4-46 所示。在【设置单元格格式】对话框中选择【对齐】选项卡，该选项卡主要用于设置单元格文本的对齐方式，此外还可以对文字方向以及文本控制等内容进行相关的设置，如图 4-47 所示。

图 4-46　　　　　　　　　　　　　　图 4-47

4.2.8　调整行高和列宽

接下来需要查看单元格的行高和列宽是否与文字匹配，用户可以通过拖动鼠标的方式调整行高和列宽，也可以精确设置行高和列宽或进行自动调整。

01 将鼠标放到标题行下方的边框线上，当鼠标变成黑色双向箭头时，按住鼠标左键不放，向下拖动鼠标，可增加第 1 行的行高，如图 4-48 所示。

02 将鼠标放到第 1 列右方的边框线上，当鼠标变成黑色双向箭头时，按住鼠标左键不放，向右拖动鼠标，可增加第 1 列的列宽，如图 4-49 所示。

图 4-48 　　　　　　　　　　　　　　　　图 4-49

03 要精确设置行高和列宽，可以选定单行或单列，在【开始】选项卡的【单元格】组中单击【格式】下拉按钮，从弹出的下拉菜单中选择【行高】或【列宽】命令，将会打开【行高】或【列宽】对话框，在该对话框中输入精确的数字，单击【确定】按钮即可，如图 4-50 所示。

04 选中要调整的单元格，在【开始】选项卡的【单元格】组中单击【格式】下拉按钮，从弹出的下拉菜单中选择【自动调整行高】或【自动调整列宽】命令，Excel 将自动调整表格各行的行高或各列的宽度，如图 4-51 所示。

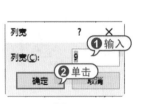

图 4-50

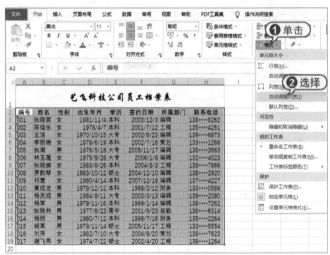

图 4-51

4.2.9　设置边框

默认情况下，Excel 并不为单元格设置边框，工作表中的框线在打印时并不显示出来。有时为了突出显示某些单元格，可以为单元格区域添加边框并设置其属性。

01 选中表格的 A1:H19 单元格区域，在【开始】选项卡的【字体】组中单击【边框】下拉按钮，从弹出的下拉菜单中选择【其他边框】命令，如图 4-52 所示。

02 打开【设置单元格格式】对话框的【边框】选项卡，在【直线】选项区域的【样式】列表框中选择一种样式，在【颜色】下拉列表中选择蓝色，在【预置】选项区域中单击【外边框】按钮，为选定的单元格区域设置外边框，单击【确定】按钮，如图 4-53 所示。

图 4-52

图 4-53

03 此时选中单元格区域外框效果如图 4-54 所示。

编号	姓名	性别	出生年月	学历	签约日期	所属部门	联系电话
艺飞科技公司员工档案表							
001	张晓芸	女	1981/11/4	本科	2003/12/3	编辑	138****8262
002	陈佳乐	女	1978/4/7	本科	2001/7/12	工程	135****4251
003	王洁	女	1970/10/15	大专	2002/6/23	编辑	139****6873
004	李丽珊	女	1978/6/19	本科	2002/7/16	策划	133****1269
005	张潮	男	1976/5/18	大专	2005/11/17	编辑	135****3563
006	林玉莲	女	1975/9/28	大专	2006/1/8	编辑	132****4023
007	张晓娜	女	1983/8/26	本科	2004/8/3	工程	138****7866
008	罗韵琴	女	1983/10/12	硕士	2004/12/10	编辑	138****2920
009	祁雷	女	1980/4/14	本科	2007/12/18	编辑	137****4227
010	黄成龙	男	1978/12/12	本科	1998/2/12	财务	133****0589
011	杨天成	男	1984/8/11	大专	2003/3/13	编辑	139****2080
012	杨军	男	1979/11/16	本科	1999/1/14	编辑	138****7262
013	张铁林	男	1977/6/23	高中	2001/6/23	后勤	138****6314
014	杨丽	男	1980/7/12	本科	1998/7/16	财务	135****2264
015	胡军	男	1978/11/14	硕士	2005/11/17	工程	133****5554
016	刘芳	女	1982/7/10	大专	2004/8/20	策划	138****7623
017	谢飞燕	女	1974/7/22	硕士	2002/4/20	工程	138****1264

图 4-54

4.2.10　设置填充

设置表格中的填充色也可以突出显示表格内容，使表格的重点内容一目了然。

01 选中表头标题所在的单元格 A2:H2，使用前面的方法打开【设置单元格格式】对话框的【填充】选项卡，在【背景色】选项区域中选择一种颜色，在【图案颜色】下拉列表中选择【白色】色块，在【图案样式】下拉列表中选择一种图案样式，单击【确定】按钮，如图 4-55 所示。

02 此时设置过边框和填充色的表格效果如图 4-56 所示。

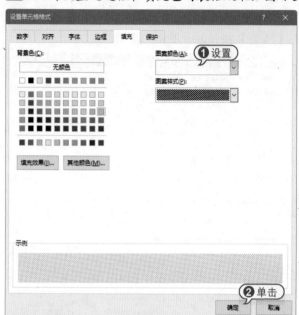

图 4-55

图 4-56

4.3　设置"员工业绩表"

员工业绩表是企业销售部门常用的一种表格，主要记录员工每个时间段销售产品的金额。使用 Excel 2019 的条件格式等功能来强调表格的销售业绩之间的差距，方便公司管理者快速直观地了解员工的业绩状况。

4.3.1　突出显示销售业绩

使用 Excel 2019 提供的条件格式功能，可以根据指定的公式或数值来确定搜索条件，然后将格式应用到符合搜索条件的选定单元格中，并突出显示要检查的动态数据。使用条件格式的【最前 / 最后规则】命令，可以设置显示销售额前三名的数据。

01 启动 Excel 2019，打开"员工业绩表"工作簿，选中"销售额"下的 E3:E12 单元格区域，在【开始】选项卡的【样式】组中单击【条件格式】下拉按钮，在弹出的下拉列表中选择【最前 / 最后规则】|【前 10 项】选项，如图 4-57 所示。

02 打开【前 10 项】对话框，在文本框内输入"3"，在【设置为】下拉列表中选择【红色文本】选项，单击【确定】按钮，如图 4-58 所示。

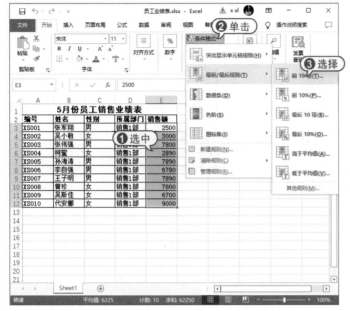

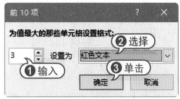

图 4-57　　　　　　　　　　　　　　　　　　　　图 4-58

03 此时销售额前三名以红色文本显示出来，效果如图 4-59 所示。

	A	B	C	D	E	F
1	5月份员工销售业绩表					
2	编号	姓名	性别	所属部门	销售额	
3	XS001	张军翔	男	销售1部	2500	
4	XS002	吴小敏	女	销售1部	3000	
5	XS003	张伟强	男	销售1部	7800	
6	XS004	柯蜜	女	销售1部	2890	
7	XS005	孙海涛	男	销售1部	7890	
8	XS006	李自强	男	销售1部	6780	
9	XS007	王子明	男	销售1部	7890	
10	XS008	曾珍	女	销售1部	7800	
11	XS009	吴斯佳	女	销售1部	6700	
12	XS010	代安娜	女	销售1部	9000	

图 4-59

4.3.2　显示销售额小于 3000 元的员工

如果 Excel 内置的条件格式不能满足用户的需求，可以通过【新建规则】功能自定义条件格式，来查找或编辑符合条件格式的单元格。下面用【新建规则】功能显示销售额小于 3000 元的员工。

01 选中员工姓名所在的 B3:B12 单元格区域，选择【条件格式】下拉列表中的【新建规则】选项，如图 4-60 所示。

02 在弹出的【新建格式规则】对话框中选择【使用公式确定要设置格式的单元格】规则类型，在文本框内输入公式"=E3:E12<3000"，表示选择销售额小于3000元的数据，单击【格式】按钮，如图 4-61 所示。

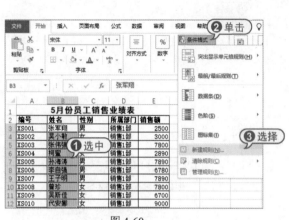

图 4-60

图 4-61

03 打开【设置单元格格式】对话框，在【填充】选项卡中选择一种填充颜色 (此处选择浅绿色)，单击【确定】按钮，如图 4-62 所示。

04 返回【新建格式规则】对话框，单击【确定】按钮，此时在 B3:B12 单元格区域中将以浅绿色显示销售额小于3000元的员工姓名，如图 4-63 所示。

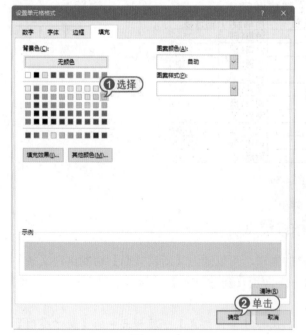

图 4-62

图 4-63

4.3.3 使用色阶表现数据

条件格式的色阶功能，其原理是应用颜色的深浅来显示数据的大小。颜色越深，表示数据越大；颜色越浅，表示数据越小。

01 按 Ctrl+Z 组合键返回未使用条件格式的表格，选中 E3:E12 单元格区域，在【开始】选项卡中单击【条件格式】下拉按钮，在弹出的下拉列表中选择【色阶】|【红 - 黄 - 绿色阶】选项，如图 4-64 所示。

02 此时查看色阶效果，通过颜色的深浅可以快速对比销售额高低，如图 4-65 所示。

图 4-64

图 4-65

4.3.4 使用数据条表现数据

数据条效果可以直观地显示数值大小的对比程度，使得表格数据效果更为直观方便。

01 按 Ctrl+Z 组合键返回未使用条件格式的表格，然后选中 E3:E12 单元格区域，在【开始】选项卡中单击【条件格式】下拉按钮，在弹出的下拉列表中选择【数据条】|【浅蓝色数据条】选项，如图 4-66 所示。

02 此时查看数据条效果，通过数据条的长短可以快速对比销售额大小，如图 4-67 所示。

图 4-66

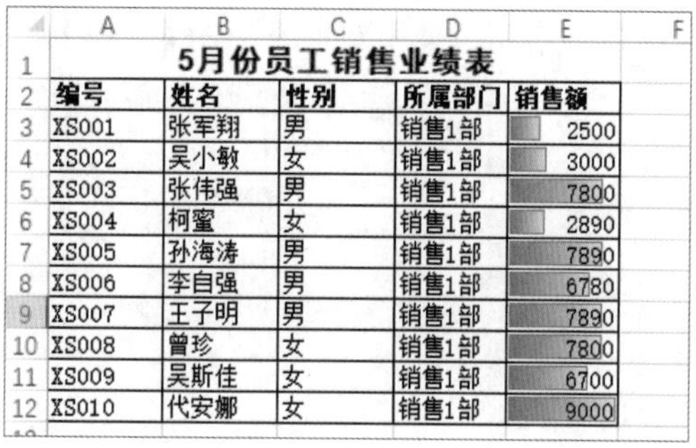

图 4-67

4.3.5 使用图标集表现数据

使用图标集可以在单元格区域内各范围的数据前显示不同的图标，Excel 2019 提供了方向、形状、标记、等级四种内置的图标集样式，方便用户快速使用。

01 按 Ctrl+Z 组合键返回未使用条件格式的表格，然后选中 E3:E12 单元格区域，在【开始】选项卡中单击【条件格式】下拉按钮，在弹出的下拉列表中选择【图标集】|【三向箭头 (彩色)】选项，如图 4-68 所示。

02 此时查看图标集的方向箭头效果，如图 4-69 所示。

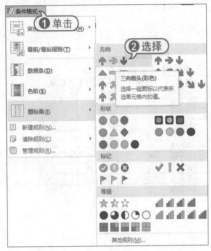

图 4-68

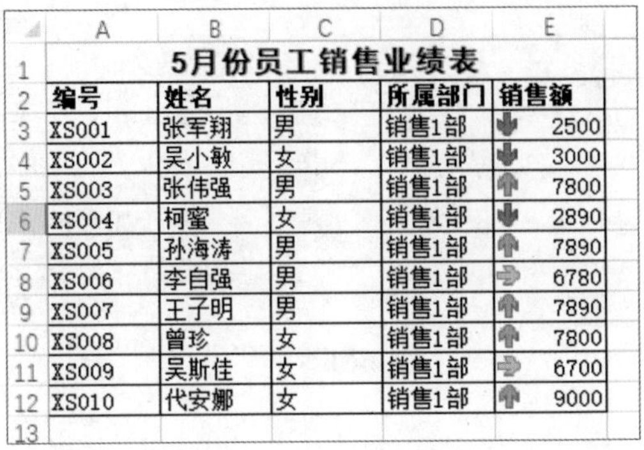

	A	B	C	D	E
1	\multicolumn{5}{c}{5月份员工销售业绩表}				
2	编号	姓名	性别	所属部门	销售额
3	XS001	张军翔	男	销售1部	2500
4	XS002	吴小敏	女	销售1部	3000
5	XS003	张伟强	男	销售1部	7800
6	XS004	柯蜜	女	销售1部	2890
7	XS005	孙海涛	男	销售1部	7890
8	XS006	李自强	男	销售1部	6780
9	XS007	王子明	男	销售1部	7890
10	XS008	曾珍	女	销售1部	7800
11	XS009	吴斯佳	女	销售1部	6700
12	XS010	代安娜	女	销售1部	9000
13					

图 4-69

4.3.6 管理条件格式规则优先级

Excel 允许对同一个单元格区域设置多个条件格式。当两个或更多的条件格式规则应用于同一个单元格区域时，将按优先级顺序执行这些规则。

1. 调整条件格式规则优先级顺序

用户可以通过编辑条件格式的方法打开【条件格式规则管理器】对话框。此时，在列表中，越是位于上方的规则，其优先级越高。默认情况下，新规则总是添加到列表的顶部，因此具有最高的优先级，用户也可以使用对话框中的【上移】和【下移】按钮更改优先级顺序，如图 4-70 所示。

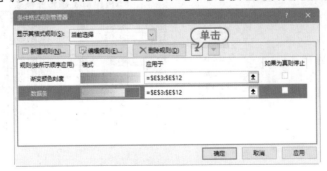

图 4-70

提示

　　当同一个单元格存在多个条件格式规则时，如果规则之间不冲突，则全部规则都有效。如果规则之间存在冲突，则只执行优先级高的规则。例如，一个规则将单元格字体颜色设置为"橙色"，而另一个规则将单元格字体颜色设置为"黑色"。因为这两个规则冲突，所以只应用一个规则，执行优先级较高的规则。

2. 应用【如果为真则停止】规则

　　当同时存在多个条件格式规则时，优先级高的规则先执行，次一级的规则后执行，这样规则逐条执行，直至所有规则执行完毕。在这个过程中，用户可以应用【如果为真则停止】规则，当优先级较高的规则条件被满足后，则不再执行其优先级之下的规则。应用这种规则，可以实现对数据集中的数据进行有条件的筛选。比如要对销售额小于 7000 元的数据设置【数据条】格式进行分析，可以按照下面的步骤进行操作。

01 按 Ctrl+Z 组合键返回未使用条件格式的表格，选中 E3:E12 单元格区域，选择【条件格式】下拉列表中的【新建规则】选项，如图 4-71 所示。

02 在弹出的【新建格式规则】对话框中选择【只为包含以下内容的单元格设置格式】规则类型，在【单元格值】后面设置【小于】和"7000"，表示选择销售额小于 7000 元的数据，单击【确定】按钮，如图 4-72 所示。

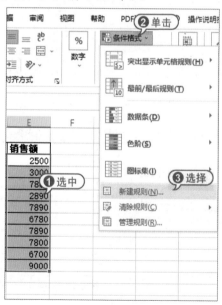

图 4-71

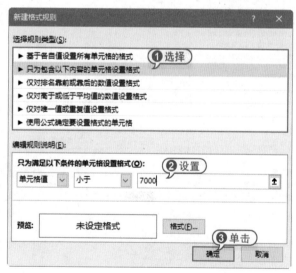

图 4-72

03 选择【条件格式】下拉列表中的【管理规则】选项，如图 4-73 所示。

04 打开【条件格式规则管理器】对话框，单击【新建规则】按钮，如图 4-74 所示。

图 4-73

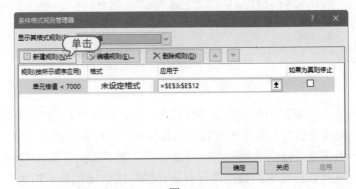

图 4-74

05 打开【新建格式规则】对话框，选择【基于各自值设置所有单元格的格式】规则类型，【格式样式】选择【数据条】选项，单击【确定】按钮，如图 4-75 所示。

06 返回【条件格式规则管理器】对话框，选中【数据条】规则，单击【下移】按钮，如图 4-76 所示。

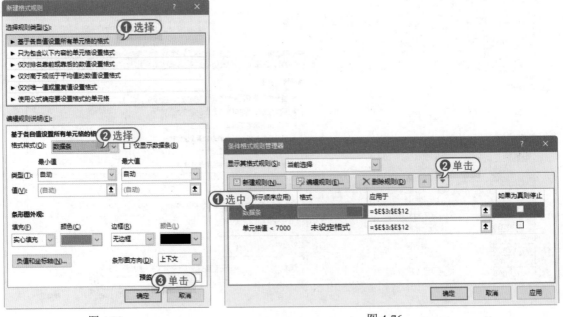

图 4-75

图 4-76

07 选中【如果为真则停止】复选框，单击【确定】按钮，如图 4-77 所示。

08 设置条件格式后，数据条只显示销售额小于 7000 元的数据，如图 4-78 所示。

图 4-77　　　　　　　　　　　　　　　　　　图 4-78

4.4　高手技巧

技巧 1：冻结和拆分窗格

Excel 2019 提供了冻结和拆分窗格的功能，以便用户可以更好地调整单元格窗口的显示效果。如果要在工作表滚动时保持行列标志或其他数据可见，可以通过冻结窗格功能来固定显示窗口的顶部和左侧区域。

例如，在工作表中选中 B2 单元格作为活动单元格，选择【视图】选项卡，在【窗口】组中单击【冻结窗格】下拉按钮，在弹出的下拉列表中选择【冻结窗格】命令，如图 4-79 所示。此时，Excel 将沿着当前激活单元格的左边框和上边框的方向出现水平和垂直方向的两条黑色冻结线条，如图 4-80 所示。黑色冻结线左侧的【开单日期】列以及冻结线上方的标题行都被冻结。在沿着水平和垂直方向滚动浏览表格内容时，被冻结的区域始终保持可见。

如果用户需要取消工作表的冻结窗格状态，可以在 Excel 功能区上再次单击【视图】选项卡中的【冻结窗格】下拉按钮，在弹出的下拉列表中选择【取消冻结窗格】命令。

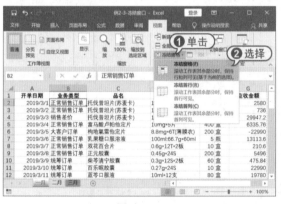

图 4-79　　　　　　　　　　　　　　　　　　图 4-80

技巧 2：输入指数上标

在工程和数学等方面的应用上，经常需要输入一些带有指数上标的数字或者符号单位。用户需要通过设置单元格格式的方法来实现指数在单元格中的显示。

若用户需要在单元格中输入 M^{-10}，可先在单元格中输入"M-10"，然后激活单元格编辑模式，用鼠标选中文本中的"-10"部分，如图 4-81 所示。按 Ctrl+1 组合键，打开【设置单元格格式】对话框，选中【上标】复选框后，单击【确定】按钮即可，如图 4-82 所示。此时，在单元格中数据显示为"M^{-10}"，但在编辑栏中数据仍显示为"M-10"。

图 4-81

图 4-82

技巧 3：套用内置表格格式和单元格样式

Excel 2019 的【套用表格格式】功能提供了几十种表格格式，为用户格式化表格提供了丰富的选择方案。首先选中数据表中的任意单元格后，在【开始】选项卡的【样式】组中单击【套用表格格式】下拉按钮，在下拉列表中选择一种表格格式，如图 4-83 所示。

Excel 内置了一些典型的样式，用户可以直接套用这些样式来快速设置单元格格式，在【开始】选项卡的【样式】组中单击【单元格样式】下拉按钮，在下拉列表中选择一种样式，如图 4-84 所示。

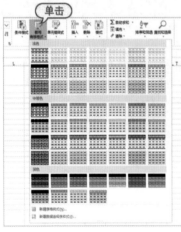

图 4-83

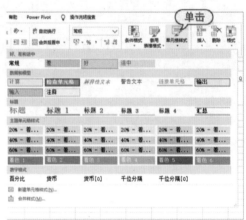

图 4-84

第 5 章
Excel 公式与函数

| 本章导读 |

　　Excel 2019 中的公式和函数不仅可以帮助用户快速并准确地计算表格中的数据，还可以解决办公中的各种查询与统计等实际问题。本章将通过制作"年度考核表"和"员工薪资表"等 Excel 工作簿，介绍 Excel 2019 表格计算及统计数据等功能的操作技巧。

5.1 制作"年度考核表"

年度考核表是公司考察各个分公司年度考核分数的汇总工作表。使用公式和函数可以计算考核总分及季度考核平均分等数据；使用引用函数及定义名称的方式，可以更加便利地计算表格数据。

5.1.1 输入公式

在 Excel 中，公式是对工作表中的数据进行计算和操作的等式。公式的特定语法或次序为最前面是等号"="，然后是公式的表达式，公式中包含运算符、数值或任意字符串、函数及其参数、单元格引用等元素，如图 5-1 所示。

图 5-1

公式主要由以下几个元素构成。

- ▶ 运算符：运算符用于对公式中的元素进行特定的运算，或者用来连接需要运算的数据对象，并说明进行了哪种公式运算，如加"+"、减"-"、乘"*"、除"/"等。
- ▶ 常量数值：常量数值指输入公式中的值、文本。
- ▶ 单元格引用：利用公式引用功能对所需的单元格中的数据进行引用。
- ▶ 函数：Excel 提供的函数或参数，可返回相应的函数值。

> **提示**
>
> Excel 函数包括【财务】【逻辑】【文本】【日期与时间】【查找与引用】【数学与三角函数】等大类的上百个具体函数，每个函数的应用各不相同。常用函数包括 SUM(求和)、AVERAGE(计算算术平均数)、ISPMT、IF、HYPERLINK、COUNT、MAX、SIN、SUMIF、PMT 等。

在 Excel 中，输入公式的方法与输入文本的方法类似，具体方法为：选择要输入公式的单元格，在编辑栏中直接输入"="符号，然后输入公式内容，按 Enter 键，即可将公式运算的结果显示在所选单元格中。

01 启动 Excel 2019，新建"年度考核表"工作簿，输入数据并设置其格式，如图 5-2 所示。

02 选中 G3 单元格，然后在编辑栏中输入求和公式"=C3+D3+E3+F3"，按 Enter 键，即可在 G3 单元格中显示公式计算结果，如图 5-3 所示。

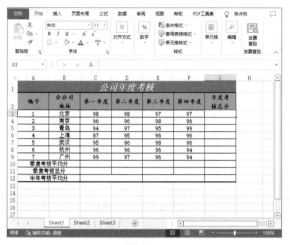

图 5-2   图 5-3

03 通过复制公式操作，可以快速地在其他单元格中输入公式。选中 G3 单元格，打开【开始】选项卡，在【剪贴板】组中单击【复制】按钮，如图 5-4 所示。选定 G4 单元格，在【开始】选项卡的【剪贴板】组中单击【粘贴】按钮，即可将公式复制到 G4 单元格中，如图 5-5 所示。

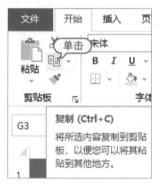

图 5-4   图 5-5

5.1.2　引用公式

　　公式的引用，可以在一个公式中使用工作表不同部分的数据，或者在几个公式中使用同一单元格的数值。相对引用包含了当前单元格与公式所在单元格的相对位置。默认设置下，Excel 2019 使用的都是相对引用，当改变公式所在单元格的位置时，引用也会随之改变。

01 将光标移至 G4 单元格边框右下角，当光标变为 ✚ 形状时，拖曳鼠标选择 G5:G9 单元格区域，如图 5-6 所示。

02 释放鼠标，即可将 G4 单元格中的公式相对引用至 G5:G9 单元格区域中，效果如图 5-7 所示。

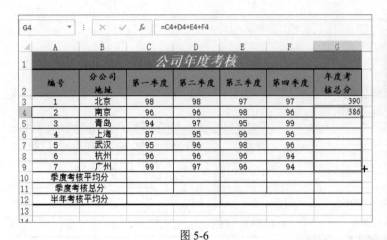

图 5-6   图 5-7

提示

在 Excel 2019 中，常用的引用单元格的方式包括相对引用、绝对引用与混合引用。绝对引用的公式中单元格的精确地址与包含公式的单元格的位置无关。它在列标和行号前分别加上符号"$"。例如，$A$5 表示单元格 A5 的绝对引用，$A$3:$C$5 表示单元格区域 A3:C5 的绝对引用。混合引用指的是在一个单元格引用中既有绝对引用，同时也包含相对引用，即混合引用绝对列和相对行，或绝对行和相对列。绝对引用列采用 $A1、$B1 的形式，绝对引用行采用 A$1、B$1 的形式。如果公式所在单元格的位置改变，则相对引用改变，而绝对引用不变。如果多行或多列地复制公式，相对引用自动调整，而绝对引用不做调整。

5.1.3 插入函数

Excel 2019 将具有特定功能的一组公式组合在一起，形成了函数。使用函数能更加便利地计算数据。函数由函数名和参数两部分组成，由连接符相连，如"=SUM(A1:G10)"，表示对 A1:G10 单元格区域内的所有数据求和。Excel 2019 内置函数包括常用函数、财务函数、日期与时间函数、数学与三角函数、统计函数、查找与引用函数、数据库函数、文本函数、逻辑函数、信息函数和工程函数等。

提示

函数与公式既有联系又有区别。函数是公式的一种，是已预先定义计算过程的公式，函数的计算方式和内容已完全固定，用户只能通过改变函数参数的取值来更改函数的计算结果。用户也可以自定义计算过程和计算方式，或更改公式的所有元素来更改计算结果。函数与公式各有优缺点，在实际工作中，两者往往需要同时使用。

1. 插入 AVERAGE 函数求平均值

AVERAGE 函数用于计算参数的算术平均数。参数可以是数值或包含数值的名称、数组或引用。使用 AVERAGE 函数可以很轻松地计算季度及半年度的考核平均分。

01 选中 C10 单元格，打开【公式】选项卡，在【函数库】组中单击【插入函数】按钮，如图 5-8 所示。

02 打开【插入函数】对话框，在【或选择类别】下拉列表中选择【常用函数】选项，然后在【选择函数】列表框中选择【AVERAGE】选项，单击【确定】按钮，如图 5-9 所示。

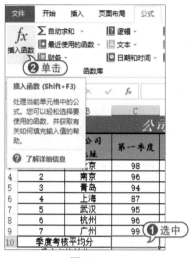

图 5-8

图 5-9

03 打开【函数参数】对话框，在 AVERAGE 选项区域的 Number1 文本框中输入计算平均值的范围，这里输入 C3:C9，单击【确定】按钮，如图 5-10 所示。

04 在 C10 单元格中显示计算结果，使用同样的方法，在 D10:F10 单元格区域中插入函数 AVERAGE 计算平均值，效果如图 5-11 所示。

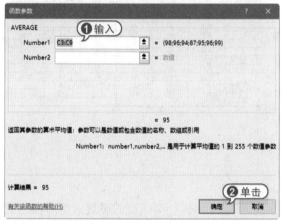

图 5-10

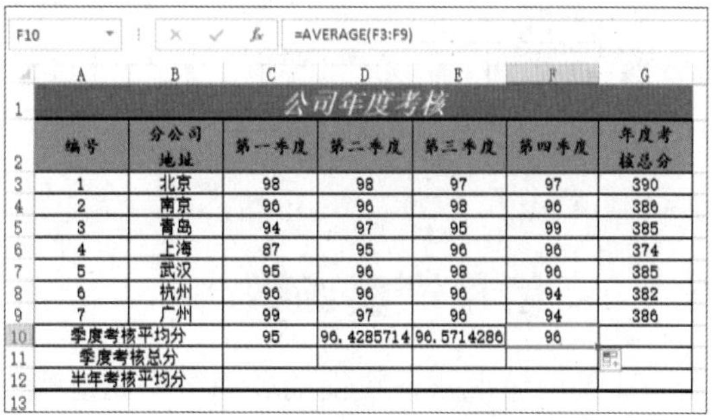

图 5-11

2. 插入 SUM 函数求和

Excel 中最常用的函数是 SUM 函数，其作用是返回某一单元格区域中所有数字之和。

01 选中 C11 单元格，在【公式】选项卡的【函数库】组中单击【插入函数】按钮，打开【插入函数】对话框，在【或选择类别】下拉列表中选择【常用函数】选项，然后在【选择函数】列表框中选择【SUM】选项，单击【确定】按钮，如图 5-12 所示。

02 打开【函数参数】对话框，在 SUM 选项区域的 Number1 文本框中输入计算求和的范围，这里输入 C3:C9，单击【确定】按钮，如图 5-13 所示。

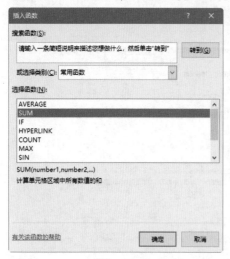

图 5-12

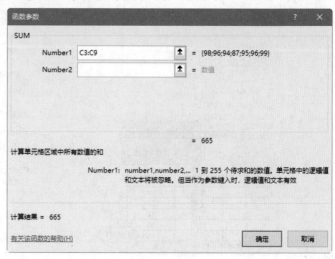

图 5-13

03 在 C11 单元格中显示计算结果，如图 5-14 所示。

04 使用相对引用的方式，在 D11:F11 单元格区域中相对引用 C11 的函数，效果如图 5-15 所示。

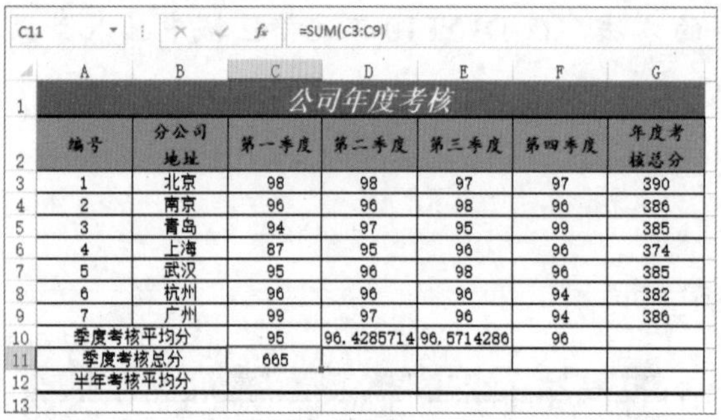

图 5-14

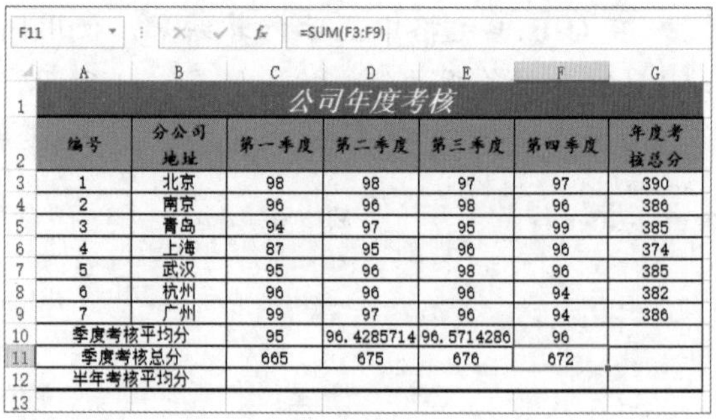

图 5-15

5.1.4 使用嵌套函数

在某些情况下，可能需要将某个公式或函数的返回值作为另一个函数的参数来使用，这就是函数的嵌套使用。

01 选中 C12 单元格，打开【公式】选项卡，在【函数库】组中单击【自动求和】下拉按钮，从弹出的下拉菜单中选择【平均值】命令，即可插入 AVERAGE 函数，如图 5-16 所示。

02 在编辑栏中，修改函数为 "=AVERAGE(C3+D3,C4+D4,C5+D5,C6+D6,C7+D7,C8+D8,C9+D9)"，如图 5-17 所示。

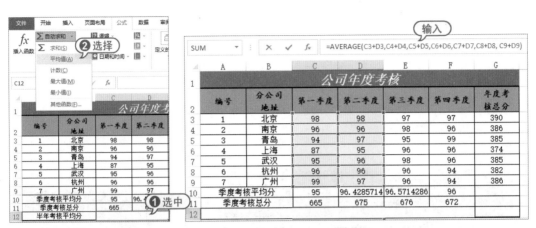

图 5-16 图 5-17

03 按 Ctrl+Enter 组合键，即可使用函数嵌套功能并显示计算结果，如图 5-18 所示。

04 使用相对引用函数的方法在 E12 中计算下半年的考核平均分，如图 5-19 所示。

图 5-18 图 5-19

5.1.5 使用名称

名称是工作簿中某些项目或数据的标识符。在公式或函数中使用名称代替数据区域进行计算，可以使公式更为简洁，从而避免输入出错。

 提 示

名称作为一种特殊的公式，其也是以"="开始，可以由常量数据、常量数组、单元格引用、函数与公式等元素组成，并且每个名称都具有唯一的标识，可以方便地在其他名称或公式中使用。与一般公式有所不同的是，普通公式存在于单元格中，名称保存在工作簿中，并在程序运行时存在于 Excel 的内存中，通过其唯一标识 (名称的命名) 进行调用。有些名称在一个工作簿的所有工作表中都可以直接调用，而有些名称只能在某一个工作表中直接调用。这是由于名称的级别不同，其作用的范围也不同。

1. 定义单元格区域名称

为了方便处理数据，可以将一些常用的单元格区域定义为特定的名称。

01 清除 C10:F12 单元格区域的数据，选定 C3:C9 单元格区域，打开【公式】选项卡，在【定义的名称】组中单击【定义名称】按钮，如图 5-20 所示。

02 打开【新建名称】对话框，在【名称】文本框中输入名称，单击【确定】按钮，如图 5-21 所示。

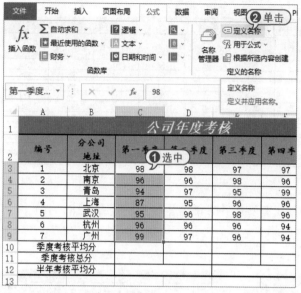

图 5-20

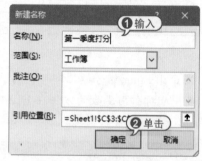

图 5-21

03 此时即可在名称框中显示 C3:C9 单元格区域的名称"第一季度打分"，如图 5-22 所示。

04 使用相同的方法，将 D3:D9、E3:E9、F3:F9 单元格区域分别定义名称为"第二季度打分""第三季度打分""第四季度打分"，如图 5-23 所示。

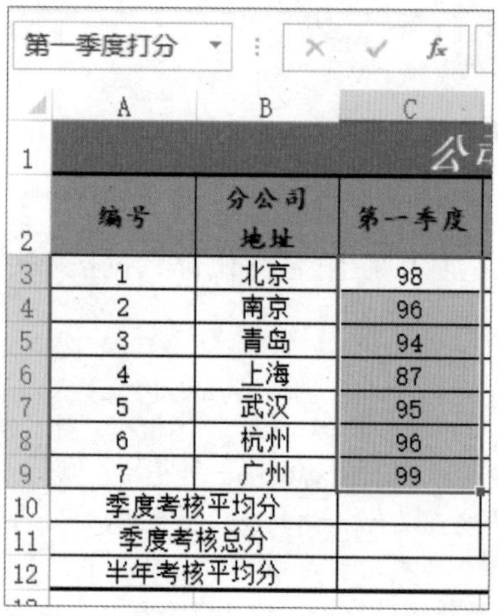

图 5-22

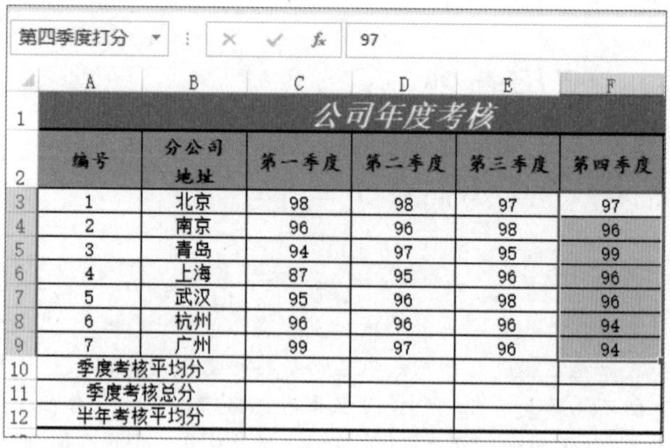

图 5-23

05 在【公式】选项卡的【定义的名称】组中单击【名称管理器】按钮，如图 5-24 所示。

06 打开【名称管理器】对话框，里面有刚定义的名称，用户可以继续编辑这些名称，最后单击【关闭】按钮，如图 5-25 所示。

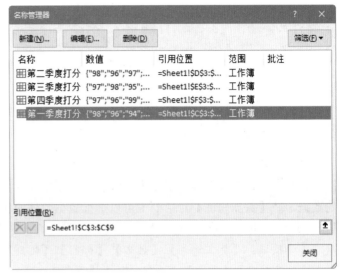

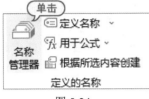

图 5-24

图 5-25

2. 使用名称计算分数

定义单元格名称后，用户就可以使用名称来代替单元格区域进行计算。

01 选中 C10 单元格，在编辑栏中输入公式 "=AVERAGE(第一季度打分)"，按 Ctrl+Enter 组合键，计算出第一季度的考核平均分，如图 5-26 所示。

02 使用同样的方法，在 D10、E10、F10 单元格中输入公式，得出计算结果。在其他单元格中输入其他公式 (使用 SUM 和 AVERAGE 函数)，代入定义名称，得出计算结果，如图 5-27 所示。

图 5-26

图 5-27

 提示

通常情况下，用户可以对多余的或未被使用过的名称进行删除。打开【名称管理器】对话框，选择要删除的名称，单击【删除】按钮，此时，系统会自动打开对话框，提示用户是否确定要删除该名称，单击【确定】按钮即可。

5.2 制作 "员工薪资表"

员工薪资表是企业财务部门按照各部门各个员工考核指标来发放工资的表格。其中涉及奖金或扣款等都可以使用公式和函数进行计算。

5.2.1 设置数据验证

若要创建员工薪资表，首先需要输入基本数据。为了输入方便并防止出错，需要对特定数据设置数据验证。数据验证主要用来限制单元格中输入数据的类型和范围，以防用户输入无效的数据，在【数据验证】对话框中可以进行数据验证的相关设置。

01 启动 Excel 2019，新建名为 "员工薪资表" 的工作簿，然后在 A1:V1 单元格区域内输入以下工资项目：【员工编号】【姓名】【部门】【性别】【员工类别】【基本工资】【岗位工资】【住房补贴】【奖金】【应发合计】【事假天数】【事假扣款】【病假天数】【病假扣款】【其他扣款】【扣款合计】【养老保险】【医疗保险】【应扣社保合计】【应发工资】【代扣税】【实发合计】，如图 5-28 所示。因失业保险和住房公积金等的计算方法与养老保险的计算方法基本相同，为简化表格，本工作簿不设该工资项目。

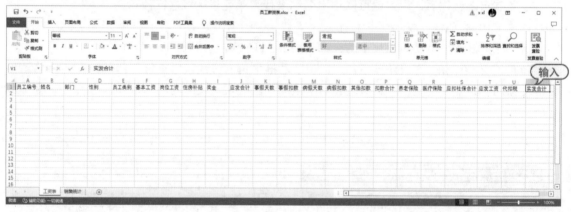

图 5-28

02 为了输入方便并防止出错，可对【部门】列、【性别】列、【员工类别】列设置有效性控制。以【部门】列为例，将光标移到 C2 单元格，在【数据】选项卡的【数据工具】组中单击【数据验证】按钮，打开【数据验证】对话框，在【允许】下拉列表中选择【序列】选项，在【来源】文本框中输入本企业的所有部门 "行政,销售"，最后单击【确定】按钮，如图 5-29 所示。

03 设置完毕后返回工作表，用户可以在 C2 单元格的下拉列表中选择要输入的内容，确认无误后，引用 C2 单元格的数据验证到 C 列的其他单元格，如图 5-30 所示。

图 5-29 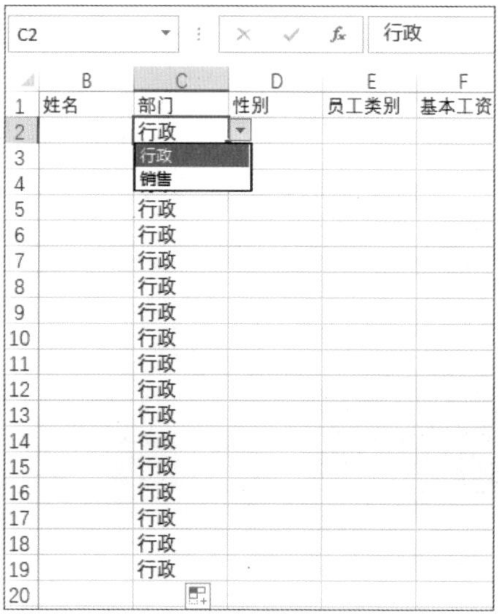　　　　　　　　　　　　　　　　　图 5-30

04 使用相同的方法设置【性别】【员工类别】列的数据验证，分别是性别分为"男,女"，员工类别分为"公司管理,行政人员,销售管理,销售人员"，如图 5-31 和图 5-32 所示。

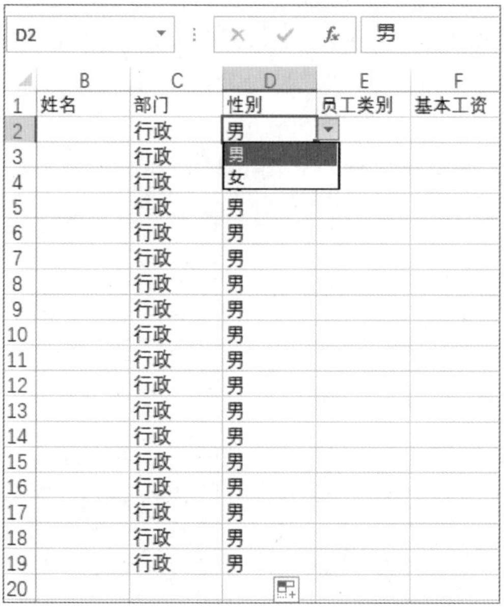

图 5-31 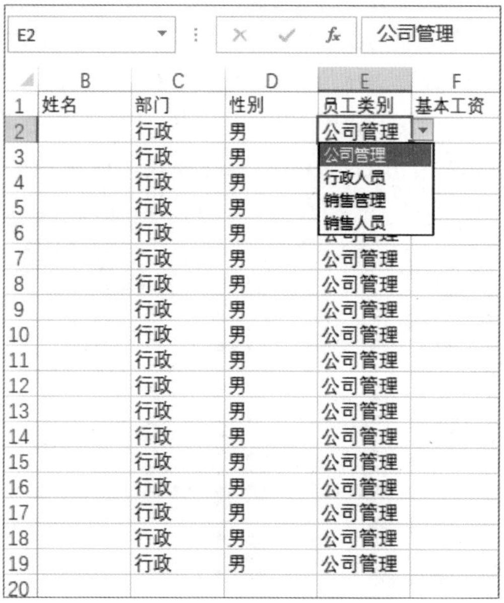　　　　　　　　　　　　　　　　　图 5-32

05 接下来可以继续输入员工编号等其余的表格数据，对于设置了数据验证的列，可以选择相关项目以输入数据。先在 A2 单元格中输入第一个员工编号"SX001"，然后向下拖动鼠标自动填充其他员工编号，如图 5-33 所示。

06 下面依次输入【姓名】【部门】【性别】【员工类别】【基本工资】【事假天数】【病假天数】各项信息，其他项目的信息不必输入，输入完成后的表格如图 5-34 所示。

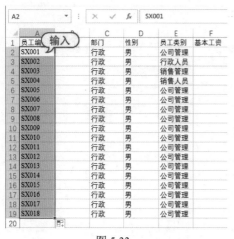

图 5-33

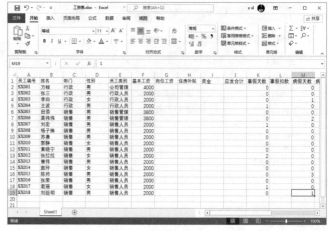

图 5-34

5.2.2 计算岗位工资

在"员工薪资表"中，岗位工资、社保及各种奖惩扣款等金额数据都可以用公式和函数进行计算，既方便又不容易出错。本小节计算岗位工资，根据公司规定，各职位的岗位工资为【公司管理】1500 元、【行政人员】800 元、【销售管理】1500 元、【销售人员】1000 元。

01 选定 G2 单元格，输入嵌套的 IF 函数 "=IF(E2=" 行政人员 ",800,IF(E2=" 销售人员 ",1000, 1500))"，按 Enter 键即可计算出对应员工的岗位工资，如图 5-35 所示。

02 相对引用 G2 单元格中的公式，计算所有员工的岗位工资，如图 5-36 所示。

图 5-35

图 5-36

5.2.3 计算住房补贴

本小节计算住房补贴，根据公司规定，各职位的住房补贴为【公司管理】600 元、【行政人员】300 元、【销售管理】600 元、【销售人员】300 元。

01 选定 H2 单元格，输入函数 "=IF(E2=" 行政人员 ",300,IF(E2=" 销售人员 ",300,600))"，按 Enter 键即可计算出对应员工的住房补贴，如图 5-37 所示。

02 相对引用 H2 单元格中的公式，计算所有员工的住房补贴，如图 5-38 所示。

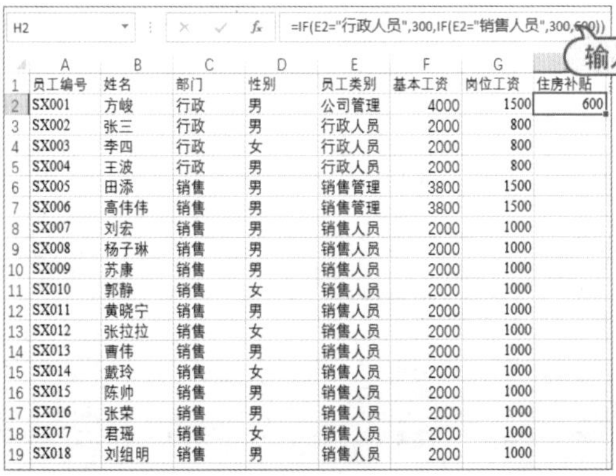

图 5-37　　　　　　　　　　　　　　　　　　图 5-38

5.2.4　计算奖金

本小节计算奖金，行政部员工的奖金都为 500 元；销售部员工完成 30 万元销售额的奖金为 500 元，超额完成部分提成 1%，没有完成 30 万元销售额的销售部员工没有奖金。

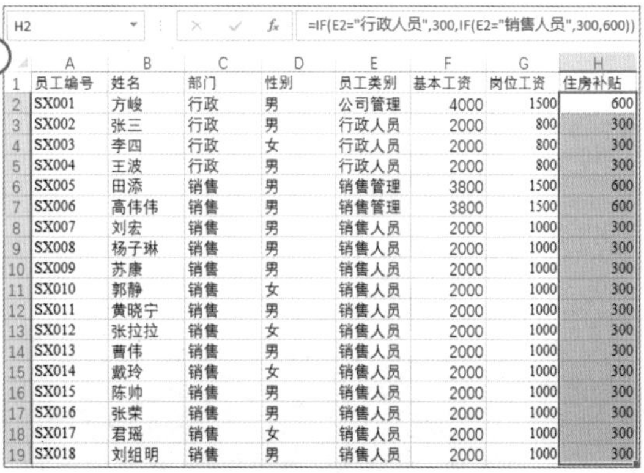

01 首先将 "Sheet1" 工作表重命名为 "工资表"，然后新建一个名为 "销售统计" 的工作表，并在其中输入当月销售情况，如图 5-39 所示。

02 在 "工资表" 工作表内为行政部门的员工输入奖金金额 500 元，如图 5-40 所示。

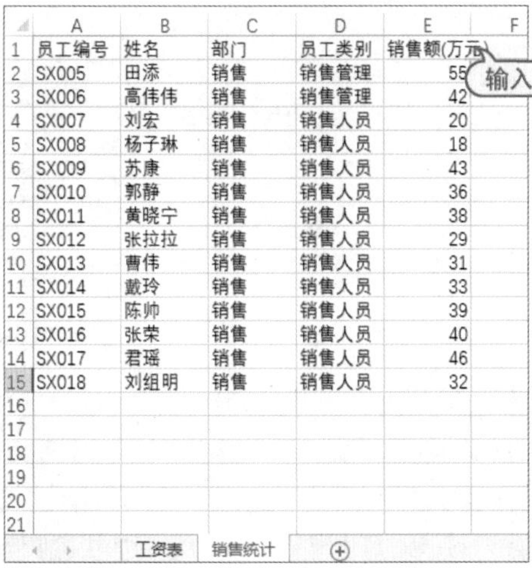

图 5-39　　　　　　　　　　　　　　　　　　图 5-40

03 下面计算销售部员工的奖金，选定 I6 单元格，在其中输入公式 "=IF(AND(C6=" 销售 "，销售统计 !E2>=30),500+100*(销售统计 !E2-30),0)"，按 Enter 键即可计算该员工应获得的奖金，如图 5-41 所示。

04 相对引用 I6 单元格中的公式，快速计算出所有销售部员工应获得的奖金，如图 5-42 所示。

| fx | =IF(AND(C6="销售",销售统计!E2>=30),500+100*(销售统计!E2-30),0) |

输入

F	G	H	I	J	
基本工资	岗位工资	住房补贴	奖金	应发合计	事假天数	事假扣
4000	1500	600	500		0
2000	800	300	500		0
2000	800	300	500		0
2000	800	300	500		1
3800	1500	600	3000		0
3800	1500	600			0
2000	1000	300			1
2000	1000	300			0
2000	1000	300			0
2000	1000	300			0
2000	1000	300			2
2000	1000	300			0
2000	1000	300			0
2000	1000	300			0
2000	1000	300			1
2000	1000	300			0

图 5-41

	C	D	E	F	G	H	I
1	部门	性别	员工类别	基本工资	岗位工资	住房补贴	奖金
2	行政	男	公司管理	4000	1500	600	500
3	行政	男	行政人员	2000	800	300	500
4	行政	女	行政人员	2000	800	300	500
5	行政	男	行政人员	2000	800	300	500
6	销售	男	销售管理	3800	1500	600	3000
7	销售	男	销售管理	3800	1500	600	1700
8	销售	男	销售人员	2000	1000	300	0
9	销售	男	销售人员	2000	1000	300	0
10	销售	男	销售人员	2000	1000	300	1800
11	销售	女	销售人员	2000	1000	300	1100
12	销售	男	销售人员	2000	1000	300	1300
13	销售	男	销售人员	2000	1000	300	0
14	销售	男	销售人员	2000	1000	300	600
15	销售	女	销售人员	2000	1000	300	800
16	销售	男	销售人员	2000	1000	300	1400
17	销售	男	销售人员	2000	1000	300	1500
18	销售	女	销售人员	2000	1000	300	2100
19	销售	男	销售人员	2000	1000	300	700
20							
21							

工资表 | 销售统计

图 5-42

5.2.5 计算应发合计

本小节使用求和函数计算应发合计的金额。

01 在"工资表"工作表的 J2 单元格中输入求和函数"=SUM(F2:I2)"，按 Enter 键即可计算出该员工应发工资的合计金额，如图 5-43 所示。

02 相对引用 J2 单元格中的公式，快速计算出所有员工的应发合计金额，如图 5-44 所示。

| J2 | | × ✓ fx | =SUM(F2:I2) |

输入

	F	G	H	I	J
1	基本工资	岗位工资	住房补贴	奖金	应发合计
2	4000	1500	600	500	6600
3	2000	800	300	500	
4	2000	800	300	500	
5	2000	800	300	500	
6	3800	1500	600	3000	
7	3800	1500	600	1700	
8	2000	1000	300	0	
9	2000	1000	300	0	
10	2000	1000	300	1800	
11	2000	1000	300	1100	
12	2000	1000	300	1300	
13	2000	1000	300	0	
14	2000	1000	300	600	
15	2000	1000	300	800	
16	2000	1000	300	1400	
17	2000	1000	300	1500	
18	2000	1000	300	2100	
19	2000	1000	300	700	

图 5-43

| J2 | | × ✓ fx | =SUM(F2:I2) |

	F	G	H	I	J
1	基本工资	岗位工资	住房补贴	奖金	应发合计
2	4000	1500	600	500	6600
3	2000	800	300	500	3600
4	2000	800	300	500	3600
5	2000	800	300	500	3600
6	3800	1500	600	3000	8900
7	3800	1500	600	1700	7600
8	2000	1000	300	0	3300
9	2000	1000	300	0	3300
10	2000	1000	300	1800	5100
11	2000	1000	300	1100	4400
12	2000	1000	300	1300	4600
13	2000	1000	300	0	3300
14	2000	1000	300	600	3900
15	2000	1000	300	800	4100
16	2000	1000	300	1400	4700
17	2000	1000	300	1500	4800
18	2000	1000	300	2100	5400
19	2000	1000	300	700	4000

图 5-44

5.2.6 计算事假扣款

本小节计算事假扣款，公司规定，员工事假超过 14 天，扣除应发工资的 80%；不到 14 天以及包括 14 天，则扣除应发工资除以 22 天再乘以事假天数。

01 在"工资表"工作表的 L2 单元格中，输入【事假扣款】的计算公式"=IF(K2>14, J2*0.8,J2/22*K2)"，按 Enter 键即可计算出该员工的事假扣款金额，如图 5-45 所示。

02 相对引用 L2 单元格中的公式，快速计算出所有员工的事假扣款金额，如图 5-46 所示。

	岗位工资	住房补贴	奖金	应发合计	事假天数	事假扣款
2	1500	600	500	6600	0	0
3	800	300	500	3600	0	
4	800	300	500	3600	0	
5	800	300	500	3600	1	
6	1500	600	3000	8900	0	
7	1500	600	1700	7600	0	
8	1000	300	0	3300	1	
9	1000	300	0	3300	0	
10	1000	300	1800	5100	0	
11	1000	300	1100	4400	0	
12	1000	300	1300	4600	0	
13	1000	300	0	3300	2	
14	1000	300	600	3900	0	
15	1000	300	800	4100	0	
16	1000	300	1400	4700	0	
17	1000	300	1500	4800	0	
18	1000	300	2100	5400	1	
19	1000	300	700	4000	0	

图 5-45

L2　=IF(K2>14, J2*0.8,J2/22*K2)

	岗位工资	住房补贴	奖金	应发合计	事假天数	事假扣款
2	1500	600	500	6600	0	0
3	800	300	500	3600	0	0
4	800	300	500	3600	0	0
5	800	300	500	3600	1	164
6	1500	600	3000	8900	0	0
7	1500	600	1700	7600	0	0
8	1000	300	0	3300	1	150
9	1000	300	0	3300	0	0
10	1000	300	1800	5100	0	0
11	1000	300	1100	4400	0	0
12	1000	300	1300	4600	0	0
13	1000	300	0	3300	2	300
14	1000	300	600	3900	0	0
15	1000	300	800	4100	0	0
16	1000	300	1400	4700	0	0
17	1000	300	1500	4800	0	0
18	1000	300	2100	5400	1	245
19	1000	300	700	4000	0	0

图 5-46

5.2.7　计算病假扣款

本小节计算病假扣款，设定该公司规定病假扣款规则为应发工资除以 22 天再乘以病假天数。

01 在"工资表"工作表中选择 N2 单元格，输入【病假扣款】的计算公式"=J2/22*M2"，按 Enter 键即可计算出该员工的病假扣款金额，如图 5-47 所示。

02 相对引用 N2 单元格中的公式，快速计算出所有员工的病假扣款金额，如图 5-48 所示。

N2　=J2/22*M2

	奖金	应发合计	事假天数	事假扣款	病假天数	病假扣款
2	500	6600	0	0	0	0
3	500	3600	0	0	0	
4	500	3600	0	0	1	
5	500	3600	1	164	0	
6	3000	8900	0	0	0	
7	1700	7600	0	0	2	
8	0	3300	1	150	0	
9	0	3300	0	0	0	
10	1800	5100	0	0	0	
11	1100	4400	0	0	0	
12	1300	4600	0	0	0	
13	0	3300	2	300	0	
14	600	3900	0	0	0	
15	800	4100	0	0	0	
16	1400	4700	0	0	3	
17	1500	4800	0	0	0	
18	2100	5400	1	245	0	
19	700	4000	0	0	1	

图 5-47

N2　=J2/22*M2

	应发合计	事假天数	事假扣款	病假天数	病假扣款
2	6600	0	0	0	0
3	3600	0	0	0	0
4	3600	0	0	1	164
5	3600	1	164	0	0
6	8900	0	0	0	0
7	7600	0	0	2	691
8	3300	1	150	0	0
9	3300	0	0	0	0
10	5100	0	0	0	0
11	4400	0	0	0	0
12	4600	0	0	0	0
13	3300	2	300	0	0
14	3900	0	0	0	0
15	4100	0	0	0	0
16	4700	0	0	3	641
17	4800	0	0	0	0
18	5400	1	245	0	0
19	4000	0	0	1	182

图 5-48

5.2.8 计算扣款合计

本小节计算扣款合计，【扣款合计】的金额为【事假扣款】【病假扣款】和【其他扣款】的金额总和。

01 在"工资表"工作表中选择 P2 单元格，输入【扣款合计】的计算公式"=L2+N2+O2"，按 Enter 键即可计算出该员工的扣款合计金额，如图 5-49 所示。

02 相对引用 P2 单元格中的公式，快速计算出所有员工的扣款合计金额，如图 5-50 所示。

P2		fx	=L2+N2+O2			
	J	K	L	M	N	O	P
1	应发合计	事假天数	事假扣款	病假天数	病假扣款	其他扣款	扣款合计
2	6600	0	0	0	0	0	0
3	3600	0	0	0	0	0	
4	3600	0	0	1	164	0	
5	3600	1	164	0	0	0	
6	8900	0	0	0	0	0	
7	7600	0	0	2	691	0	
8	3300	1	150	0	0	0	
9	3300	0	0	0	0	0	
10	5100	0	0	0	0	0	
11	4400	0	0	0	0	0	
12	4600	0	0	0	0	0	
13	3300	2	300	0	0	0	
14	3900	0	0	0	0	0	
15	4100	0	0	0	0	0	
16	4700	0	0	3	641	0	
17	4800	0	0	0	0	0	
18	5400	1	245	0	0	0	
19	4000	0	0	1	182	0	

图 5-49

P2		fx	=L2+N2+O2			
	J	K	L	M	N	O	P
1	应发合计	事假天数	事假扣款	病假天数	病假扣款	其他扣款	扣款合计
2	6600	0	0	0	0	0	0
3	3600	0	0	0	0	0	0
4	3600	0	0	1	164	0	164
5	3600	1	164	0	0	0	164
6	8900	0	0	0	0	0	0
7	7600	0	0	2	691	0	691
8	3300	1	150	0	0	0	150
9	3300	0	0	0	0	0	0
10	5100	0	0	0	0	0	0
11	4400	0	0	0	0	0	0
12	4600	0	0	0	0	0	0
13	3300	2	300	0	0	0	300
14	3900	0	0	0	0	0	0
15	4100	0	0	0	0	0	0
16	4700	0	0	3	641	0	641
17	4800	0	0	0	0	0	0
18	5400	1	245	0	0	0	245
19	4000	0	0	1	182	0	182

图 5-50

5.2.9 计算养老保险

本小节计算【养老保险】，规定【养老保险】按基本工资＋岗位工资总数的 8% 扣除。

01 在"工资表"工作表中选择 Q2 单元格，输入【养老保险】的计算公式"=(F2+G2)*0.08"，按 Enter 键即可计算出该员工应扣除的养老保险金额，如图 5-51 所示。

02 相对引用 Q2 单元格中的公式，快速计算出所有员工的养老保险扣款金额，如图 5-52 所示。

Q2		fx	=(F2+G2)*0.08			
	J	K	L	M	N	O	P	Q
1	应发合计	事假天数	事假扣款	病假天数	病假扣款	其他扣款	扣款合计	养老保险
2	6600	0	0	0	0	0	0	440
3	3600	0	0	0	0	0	0	
4	3600	0	0	1	164	0	164	
5	3600	1	164	0	0	0	164	
6	8900	0	0	0	0	0	0	
7	7600	0	0	2	691	0	691	
8	3300	1	150	0	0	0	150	
9	3300	0	0	0	0	0	0	
10	5100	0	0	0	0	0	0	
11	4400	0	0	0	0	0	0	
12	4600	0	0	0	0	0	0	
13	3300	2	300	0	0	0	300	
14	3900	0	0	0	0	0	0	
15	4100	0	0	0	0	0	0	
16	4700	0	0	3	641	0	641	
17	4800	0	0	0	0	0	0	
18	5400	1	245	0	0	0	245	
19	4000	0	0	1	182	0	182	

图 5-51

Q2		fx	=(F2+G2)*0.08			
	L	M	N	O	P	Q
1	事假扣款	病假天数	病假扣款	其他扣款	扣款合计	养老保险
2	0	0	0	0	0	440
3	0	0	0	0	0	224
4	0	1	164	0	164	224
5	164	0	0	0	164	224
6	0	0	0	0	0	424
7	0	2	691	0	691	424
8	150	0	0	0	150	240
9	0	0	0	0	0	240
10	0	0	0	0	0	240
11	0	0	0	0	0	240
12	0	0	0	0	0	240
13	300	0	0	0	300	240
14	0	0	0	0	0	240
15	0	0	0	0	0	240
16	0	3	641	0	641	240
17	0	0	0	0	0	240
18	245	0	0	0	245	240
19	0	1	182	0	182	240

图 5-52

5.2.10　计算医疗保险

本小节计算【医疗保险】，规定【医疗保险】是按基本工资＋岗位工资总数的2%扣除。

01　在"工资表"工作表中选择 R2 单元格，输入【养老保险】的计算公式"=(F2+G2)*0.02"，按 Enter 键即可计算出该员工应扣除的医疗保险金额，如图 5-53 所示。

02　相对引用 R2 单元格中的公式，快速计算出所有员工的医疗保险扣款金额，如图 5-54 所示。

图 5-53　　　　　　　　　　　　　图 5-54

5.2.11　计算应扣社保合计

本小节计算【应扣社保合计】，【应扣社保合计】是【养老保险】与【医疗保险】的总和。

01　在"工资表"工作表中选择 S2 单元格，输入【应扣社保合计】的计算公式"=Q2+R2"，按 Enter 键即可计算出该员工应扣社保的总金额，如图 5-55 所示。

02　相对引用 S2 单元格中的公式，快速计算出所有员工的应扣社保的总金额，如图 5-56 所示。

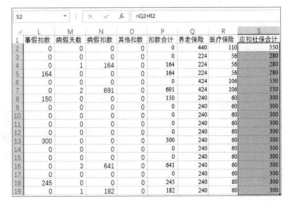

图 5-55　　　　　　　　　　　　　图 5-56

5.2.12 计算应发工资

本小节计算【应发工资】，【应发工资】为【应发合计】与【扣款合计】和【应扣社保合计】的差额。

01 在"工资表"工作表中选择 T2 单元格，输入【应发工资】的计算公式"=J2-P2-S2"，按 Enter 键即可计算出该员工应发工资的金额，如图 5-57 所示。

02 相对引用 T2 单元格中的公式，快速计算出所有员工应发工资的金额，如图 5-58 所示。

	P	Q	R	S	T
1	扣款合计	养老保险	医疗保险	应扣社保合计	应发工资
2	0	440	110	550	6050
3	0	224	56	280	
4	164	224	56	280	
5	164	224	56	280	
6	0	424	106	530	
7	691	424	106	530	
8	150	240	60	300	
9	0	240	60	300	
10	0	240	60	300	
11	0	240	60	300	
12	0	240	60	300	
13	300	240	60	300	
14	0	240	60	300	
15	0	240	60	300	
16	641	240	60	300	
17	0	240	60	300	
18	245	240	60	300	
19	182	240	60	300	

图 5-57

	P	Q	R	S	T
1	扣款合计	养老保险	医疗保险	应扣社保合计	应发工资
2	0	440	110	550	6050
3	0	224	56	280	3320
4	164	224	56	280	3156
5	164	224	56	280	3156
6	0	424	106	530	8370
7	691	424	106	530	6379
8	150	240	60	300	2850
9	0	240	60	300	3000
10	0	240	60	300	4800
11	0	240	60	300	4100
12	0	240	60	300	4300
13	300	240	60	300	2700
14	0	240	60	300	3600
15	0	240	60	300	3800
16	641	240	60	300	3759
17	0	240	60	300	4500
18	245	240	60	300	4855
19	182	240	60	300	3518

图 5-58

5.2.13 计算代扣税

本小节计算【代扣税】，假设【代扣税】的计算规则(本规则仅供参考，未采用最新的个人所得税税率和起征点)为应发工资没超过 2000 元的不扣税；应发工资在 2000 元~2500 元的，代扣税为超出 2000 元部分的 5%；应发工资在 2500 元~4000 元的，代扣税为超出 2000 元部分的 10% 再减去 25 元；应发工资在 4000 元~7000 元的，代扣税为超出 2000 元部分的 15% 再减去 125 元；应发工资在 7000 元~22000 元的，代扣税为超出 2000 元部分的 20% 再减去 375 元。

01 在"工资表"工作表中选择 U2 单元格，在其中输入【代扣税】的计算公式"=IF(T2-2000<=0,0,IF(T2-2000<=500,(T2-2000)*0.05,IF(T2-2000<=2000,(T2-2000)*0.1-25,IF(T2-2000<=5000,(T2-2000)*0.15-125,IF(T2-2000<=20000,(T2-2000)*0.2-375,"复核应发工资")))))"，按 Enter 键即可计算出该员工代扣税金额，如图 5-59 所示。

02 相对引用 U2 单元格中的公式，快速计算出所有员工的代扣税金额，如图 5-60 所示。

图 5-59　　　　　　　　　　　　　　图 5-60

5.2.14　计算实发合计

本小节计算【实发合计】，【实发合计】为【应发工资】减去【代扣税】后的金额。

01 在"工资表"工作表中选择 V2 单元格，输入【实发合计】的计算公式"=T2-U2"，按 Enter 键即可计算出该员工实发合计金额，如图 5-61 所示。

02 相对引用 V2 单元格中的公式，快速计算出所有员工的实发合计金额，如图 5-62 所示。

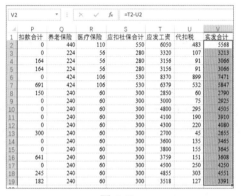

图 5-61　　　　　　　　　　　　　　图 5-62

03 此时表格内所有员工薪酬金额都计算完毕，效果如图 5-63 所示。

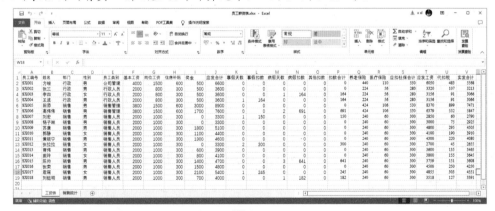

图 5-63

5.3 高手技巧

技巧 1：运算符的类型

运算符用于公式中的元素进行特定类型的运算。Excel 2019 中主要包含算术运算符、比较运算符、文本连接运算符和引用运算符 4 种类型。

1. 算术运算符

如果要完成基本的数学运算，如加法、减法和乘法等，可以使用表 5-1 所示的算术运算符。

表 5-1 算术运算符

算术运算符	含 义	示 例
+（加号）	加法运算	2+2
−（减号）	减法运算或负数	2−1 或 −1
*（星号）	乘法运算	2*2
/（正斜线）	除法运算	2/2
%（百分号）	百分比	20%
^（插入符号）	乘幂运算	2^2

2. 比较运算符

使用表 5-2 所示的比较运算符可以比较两个值的大小。当使用运算符比较两个值时，结果为逻辑值，比较成立则为 TRUE，反之则为 FALSE。

表 5-2 比较运算符

比较运算符	含 义	示 例
=（等号）	等于	A1=B1
>（大于号）	大于	A1>B1
<（小于号）	小于	A1<B1
>=（大于等于号）	大于或等于	A1>=B1
<=（小于等于号）	小于或等于	A1<=B1
<>（不等号）	不相等	A1<>B1

3. 文本连接运算符

使用和号 (&) 可加入或连接一个或多个文本字符串以产生一串新的文本，表 5-3 为文本连接运算符的含义。

表 5-3　文本连接运算符

文本连接运算符	含　义	示　例
&（和号）	将两个文本值连接或串联起来产生一个连续的文本值	如"kb" & "soft"

4. 引用运算符

单元格引用就是用于表示单元格在工作表中所处位置的坐标集。例如，显示在第 B 列和第 3 行交叉处的单元格，其引用形式为 B3。使用表 5-4 所示的引用运算符可以将单元格区域合并计算。

表 5-4　引用运算符

引用运算符	含　义	示　例
:（冒号）	区域运算符，产生对包括在两个引用之间的所有单元格的引用	(A5:A15)
,（逗号）	联合运算符，将多个引用合并为一个引用	SUM(A5:A15,C5:C15)
（空格）	交叉运算符，产生对两个引用共有的单元格的引用	(B7:D7 C6:C8)

比如，A1=B1+C1+D1+E1+F1，如果使用引用运算符，就可以把这一运算公式写为：A1=SUM(B1:F1)。

5. 运算符的优先级

如果公式中同时用到多个运算符，Excel 2019 将会依照运算符的优先级来依次完成运算。如果公式中包含相同优先级的运算符，如公式中同时包含乘法和除法运算符，则 Excel 将从左到右进行计算。运算符优先级由高至低见表 5-5 所示。

表 5-5　运算符的优先级

运　算　符	说　明
:（冒号）（单个空格）,（逗号）	引用运算符
−	负号
%	百分比
^	乘幂
* 和 /	乘和除
+ 和 −	加和减
&	连接两个文本字符串
= < > <= >= <>	比较运算符

技巧 2：公式的绝对引用

绝对引用就是公式中单元格的精确地址，与包含公式的单元格的位置无关。绝对引用与相对引用的区别在于：复制公式时使用绝对引用，则单元格引用不会发生变化。绝对引用的操作方法是，在列标和行号前分别加上符号 $。例如，$B$2 表示单元格 B2 的绝对引用，而 $B$2:$E$5 表示单元格区域 B2:E5 的绝对引用。

下面将通过绝对引用将工作表 I4 单元格中的公式复制到 I5:I16 单元格区域中。

01 打开工作表后，在 I4 单元格中输入以下公式："=$H$4+$G$4+$F$4+$E$4+$D$4"，如图 5-64 所示。

02 将鼠标光标移至单元格 I4 右下角的控制点，当鼠标指针呈十字状态后，按住左键并拖动选定 I5:I16 单元格区域。释放鼠标，将会发现在 I5:I16 单元格区域中显示的引用结果与 I4 单元格中的结果相同，如图 5-65 所示。

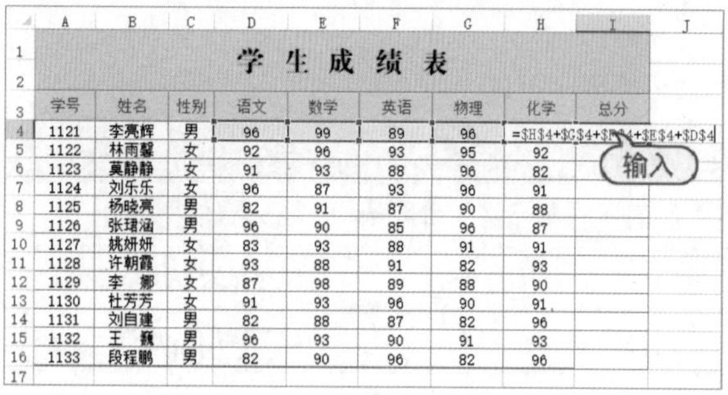

学 生 成 绩 表

学号	姓名	性别	语文	数学	英语	物理	化学	总分
1121	李亮辉	男	96	99	89	96	=$H$4+$G$4+$F$4+$E$4+$D$4	
1122	林雨馨	女	92	96	93	95	92	
1123	莫静静	女	91	93	88	96	82	
1124	刘乐乐	女	96	87	93	96	91	
1125	杨晓亮	男	82	91	87	90	88	
1126	张珺涵	男	96	90	85	96	87	
1127	姚妍妍	女	83	93	88	91	91	
1128	许朝霞	女	93	88	91	82	93	
1129	李　娜	女	87	98	89	88	90	
1130	杜芳芳	女	91	93	96	90	91	
1131	刘自建	男	82	88	87	82	96	
1132	王　巍	男	96	93	90	91	93	
1133	段程鹏	男	82	90	96	82	96	

图 5-64

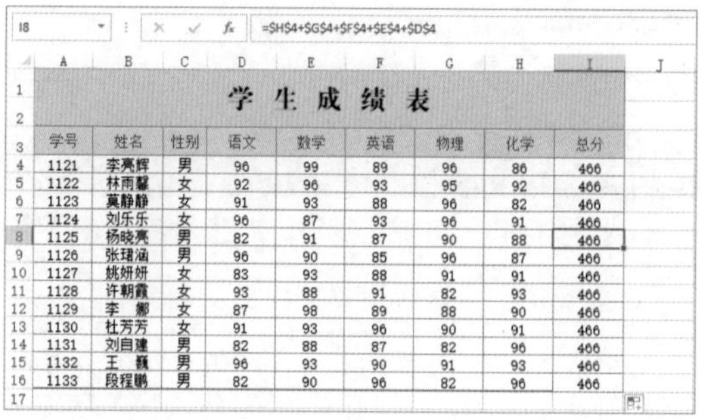

学 生 成 绩 表

学号	姓名	性别	语文	数学	英语	物理	化学	总分
1121	李亮辉	男	96	99	89	96	86	466
1122	林雨馨	女	92	96	93	95	92	466
1123	莫静静	女	91	93	88	96	82	466
1124	刘乐乐	女	96	87	93	96	91	466
1125	杨晓亮	男	82	91	87	90	88	466
1126	张珺涵	男	96	90	85	96	87	466
1127	姚妍妍	女	83	93	88	91	91	466
1128	许朝霞	女	93	88	91	82	93	466
1129	李　娜	女	87	98	89	88	90	466
1130	杜芳芳	女	91	93	96	90	91	466
1131	刘自建	男	82	88	87	82	96	466
1132	王　巍	男	96	93	90	91	93	466
1133	段程鹏	男	82	90	96	82	96	466

图 5-65

技巧 3：公式的混合引用

混合引用指的是在一个单元格引用中，既有绝对引用，同时也包含相对引用，即混合引用具有绝对列和相对行，或具有绝对行和相对列。

下面将通过混合引用将工作表 I4 单元格中的公式混合引用到 I5:I16 单元格区域中。

01 打开工作表后，在 I4 单元格中输入以下公式："=$H4+$G4+$F4+E$4+D$4"，其中，$H4、$G4 和 $F4 是绝对列和相对行形式，E$4、D$4 是绝对行和相对列形式，如图 5-66 所示，按 Enter 键后即可得到合计数值。

02 将鼠标光标移至单元格 I4 右下角的控制点■，当鼠标指针呈现十字状态后，按住左键并拖动选定 I5:I16 单元格区域。释放鼠标，混合引用填充公式，此时相对引用地址改变，而绝对引用地址不变。例如，将 I4 单元格中的公式填充到 I5 单元格中，公式将调整为："=$H5+$G5+$F5+E$4+D$4"，如图 5-67 所示。

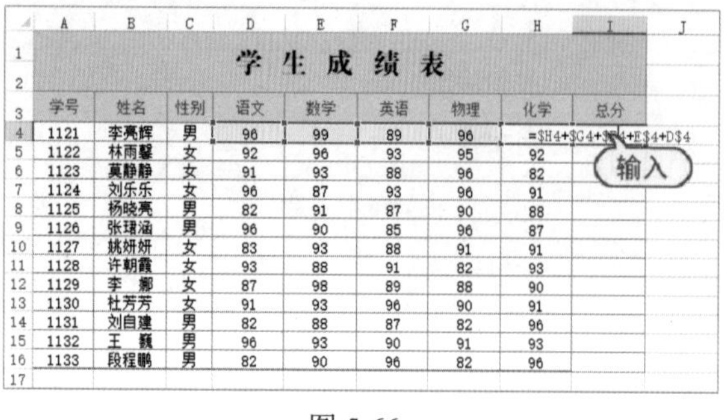

学 生 成 绩 表

学号	姓名	性别	语文	数学	英语	物理	化学	总分
1121	李亮辉	男	96	99	89	96	=$H4+$G4+$F4+E$4+D$4	
1122	林雨馨	女	92	96	93	95	92	
1123	莫静静	女	91	93	88	96	82	
1124	刘乐乐	女	96	87	93	96	91	
1125	杨晓亮	男	82	91	87	90	88	
1126	张珺涵	男	96	90	85	96	87	
1127	姚妍妍	女	83	93	88	91	91	
1128	许朝霞	女	93	88	91	82	93	
1129	李　娜	女	87	98	89	88	90	
1130	杜芳芳	女	91	93	96	90	91	
1131	刘自建	男	82	88	87	82	96	
1132	王　巍	男	96	93	90	91	93	
1133	段程鹏	男	82	90	96	82	96	

图 5-66

学 生 成 绩 表

性别	语文	数学	英语	物理	化学	总分
男	96	99	89	96	86	466
女	92	96	93	95	=$H5+$G5+$F5+E$4+D$4	
女	91	93	88	96	82	
女	96	87	93	96	91	

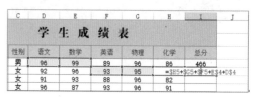

图 5-67

技巧 4：删除公式但保留计算结果

使用复制公式中的【选择性粘贴】功能可以删除公式但保留计算结果。

01 右击 G4 单元格，在弹出的快捷菜单中选择【复制】命令，然后打开【开始】选项卡，在【剪贴板】组中单击【粘贴】下三角按钮，从弹出的菜单中选择【选择性粘贴】命令，如图 5-68 所示。

02 打开【选择性粘贴】对话框，在【粘贴】选项区域中，选中【数值】单选按钮，单击【确定】按钮，如图 5-69 所示。

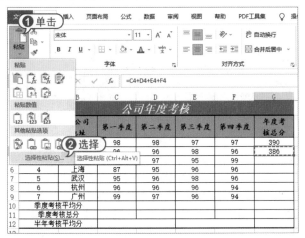

图 5-68

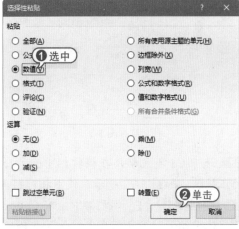

图 5-69

03 此时即可删除 G4 单元格中的公式但保留计算结果，如图 5-70 所示。

	B	C	D	E	F	G
G4			fx	386		
2	分公司地址	第一季度	第二季度	第三季度	第四季度	年度考核总分
3	北京	98	98	97	97	390
4	南京	96	96	98	96	386
5	青岛	94	97	95	99	
6	上海	87	95	96	96	

图 5-70

技巧 5：计算角度的弧度等值

使用三角函数中的 RADIANS、SIN 等函数计算弧度、正弦值、余弦值和正切值。

01 先输入角度，然后选中 B3 单元格，打开【公式】选项卡，在【函数库】组中单击【插入函数】按钮，打开【插入函数】对话框。在该对话框的【或选择类别】下拉列表中选择【数学与三角函数】选项，在【选择函数】列表框中选择【RADIANS】选项，并单击【确定】按钮，如图 5-71 所示。

02 打开【函数参数】对话框后，在【Angle】文本框中输入 A3，并单击【确定】按钮，如图 5-72 所示。此时，在 B3 单元格中将显示对应的弧度值。使用相对引用，将公式复制到 B4:B19 单元格区域中。

图 5-71

图 5-72

03 选中 C3 单元格，在编辑栏中输入公式 "=SIN(B3)"，按 Ctrl+Enter 组合键，计算出对应的正弦值，如图 5-73 所示。使用相对引用，将公式复制到 C4:C19 单元格区域中。

04 分别在 D3、E3 单元格中输入 COS 函数和 TAN 函数，计算单元格中的余弦值和正切值，然后使用相对引用复制公式，计算其余的余弦值和正切值，如图 5-74 所示。

	A	B	C	D	E
1			三角函数查询		
2	角度	弧度	正弦值	余弦值	正切值
3	10	0.174533	0.1736482		
4	15	0.261799			
5	20	0.349066			
6	25	0.436332			
7	30	0.523599			
8	35	0.610865			
9	40	0.698132			
10	45	0.785398			
11	50	0.872665			
12	55	0.959931			
13	60	1.047198			
14	65	1.134464			
15	70	1.22173			
16	75	1.308997			
17	80	1.396263			
18	85	1.48353			
19	90	1.570796			

图 5-73

	A	B	C	D	E
1			三角函数查询		
2	角度	弧度	正弦值	余弦值	正切值
3	10	0.174533	0.1736482	0.9848078	0.176327
4	15	0.261799	0.258819	0.9659258	0.2679492
5	20	0.349066	0.3420201	0.9396926	0.3639702
6	25	0.436332	0.4226183	0.9063078	0.4663077
7	30	0.523599	0.5	0.8660254	0.5773503
8	35	0.610865	0.5735764	0.819152	0.7002075
9	40	0.698132	0.6427876	0.7660444	0.8390996
10	45	0.785398	0.7071068	0.7071068	1
11	50	0.872665	0.7660444	0.6427876	1.1917536
12	55	0.959931	0.819152	0.5735764	1.428148
13	60	1.047198	0.8660254	0.5	1.7320508
14	65	1.134464	0.9063078	0.4226183	2.1445069
15	70	1.22173	0.9396926	0.3420201	2.7474774
16	75	1.308997	0.9659258	0.258819	3.7320508
17	80	1.396263	0.9848078	0.1736482	5.6712818
18	85	1.48353	0.9961947	0.0871557	11.430052
19	90	1.570796	1	6.126E-17	1.632E+16

图 5-74

第 6 章

整理与分析表格数据

| 本章导读 |

　　在 Excel 2019 中经常需要对 Excel 中的数据进行管理与分析，将数据按照一定的规律进行排序、筛选、分类汇总等，帮助用户更容易地整理电子表格中的数据；通过插入图表、数据透视表及数据透视图可以更直观地表现表格中数据的发展趋势和分布状况，对数据进行重新组织和统计。本章将通过分析"员工薪资表"和制作"销售数据透视表"等 Excel 工作簿，介绍使用 Excel 2019 整理和分析表格数据的操作技巧。

6.1 排序、筛选、分类汇总"员工薪资表"

Excel 2019 在排序、查找、替换以及汇总等数据管理方面具有强大的功能，能够帮助用户更容易地管理电子表格中的数据。本节将以上一章制作的"员工薪资表"工作簿为例，介绍使用 Excel 排序、筛选、分类汇总数据的操作过程。

6.1.1 简单排序数据

排序"员工薪资表"，可根据实际需要进行。如按照某类金额的大小进行排序，这时就需要用到简单的排序操作。Excel 对数据进行简单的排序，可以使用【升序】或【降序】功能，也可以为数据添加排序按钮。

1. 单击【升序】或【降序】按钮

对 Excel 中的数据清单进行排序时，如果按照单列的内容进行简单排序，则可以打开【数据】选项卡，在【排序和筛选】组中单击【升序】按钮或【降序】按钮。这种排序方式属于单条件排序。

01 启动 Excel 2019，打开"员工薪资表"工作簿中的"工资表"工作表，选中 V 列，选择【数据】选项卡，在【排序和筛选】组中单击【升序】按钮 ⇅，如图 6-1 所示。

02 打开【排序提醒】对话框，选中【扩展选定区域】单选按钮，然后单击【排序】按钮，如图 6-2 所示。

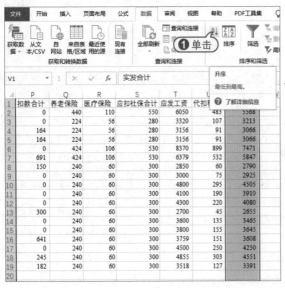

图 6-1

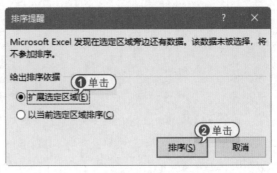

图 6-2

03 返回工作簿窗口，此时，在工作表中显示排序后的数据，即数据按照从低到高的顺序重新排列，如图 6-3 所示。如果需要对这列数据或其他列数据进行降序排序，单击【降序】按钮 ⇊ 即可。

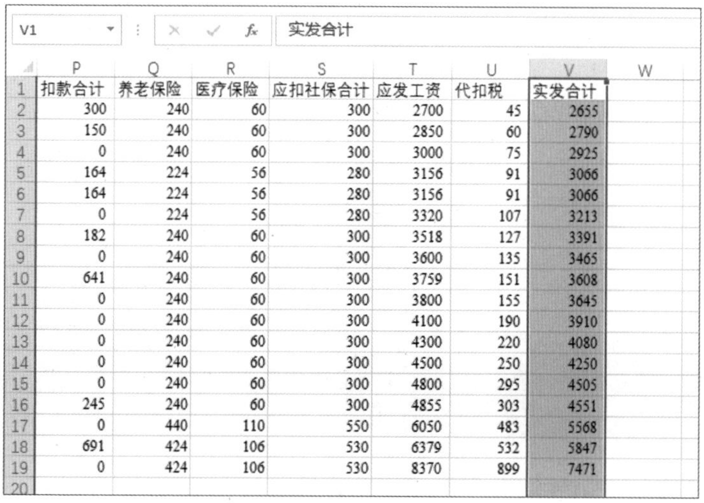

	P	Q	R	S	T	U	V	W
1	扣款合计	养老保险	医疗保险	应扣社保合计	应发工资	代扣税	实发合计	
2	300	240	60	300	2700	45	2655	
3	150	240	60	300	2850	60	2790	
4	0	240	60	300	3000	75	2925	
5	164	224	56	280	3156	91	3066	
6	164	224	56	280	3156	91	3066	
7	0	224	56	280	3320	107	3213	
8	182	240	60	300	3518	127	3391	
9	0	240	60	300	3600	135	3465	
10	641	240	60	300	3759	151	3608	
11	0	240	60	300	3800	155	3645	
12	0	240	60	300	4100	190	3910	
13	0	240	60	300	4300	220	4080	
14	0	240	60	300	4500	250	4250	
15	0	240	60	300	4800	295	4505	
16	245	240	60	300	4855	303	4551	
17	0	440	110	550	6050	483	5568	
18	691	424	106	530	6379	532	5847	
19	0	424	106	530	8370	899	7471	
20								

图 6-3

2. 添加按钮进行排序

如果需要对 Excel 表中的数据进行多次排序，为了方便操作，可以添加按钮，通过按钮菜单来快速操作。

01 单击【数据】选项卡的【排序和筛选】组中的【筛选】按钮，此时可以看到表格第一行出现 ▾ 按钮，如图 6-4 所示。

02 单击【养老保险】单元格的 ▾ 按钮，选择下拉菜单中的【降序】命令，如图 6-5 所示。

图 6-4

图 6-5

03 此时【养老保险】列的数据就进行了降序排序，如图 6-6 所示。如果要对其他列的数据进行排序操作，也可以单击该列的按钮进行操作。

图 6-6

3. 使用表格筛选功能进行排序

在表格对象中可以启动筛选功能，此时利用列标题下拉菜单中的排序命令可快速对表格数据进行排序。

01 单击【插入】选项卡的【表格】组中的【表格】按钮，如图 6-7 所示。

02 打开【创建表】对话框，设定表格数据区域，这里将 Excel 表格中所有的数据都设定为需要排序的区域，单击【确定】按钮，如图 6-8 所示。

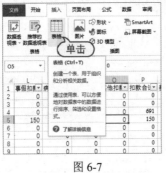

图 6-7

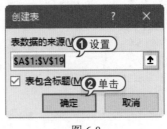

图 6-8

03 此时表格对象添加了自动筛选功能，单击表格中数据列的 按钮，选择下拉菜单中的【降序】命令，即可实现数据列的排序操作，如图 6-9 所示。

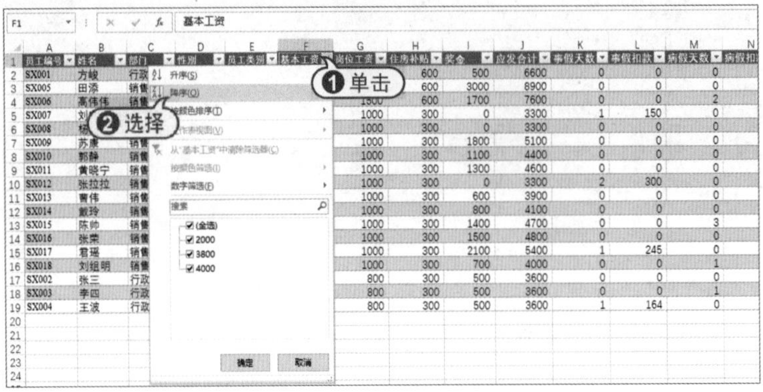

图 6-9

在按升序排序时，Excel 2019 自动按如下顺序进行排列：数值从最小的负数到最大的正数顺序排列；逻辑值 FALSE 在前，TRUE 在后；空格排在最后。按降序排列时，则与上面的顺序相反。

6.1.2　自定义排序数据

除了简单的升序、降序排序外，Excel 表格数据排序还涉及更为复杂的排序。例如，需要对员工的【奖金】进行排序，当【奖金】相同时，再按照【住房补贴】金额的大小进行排序。又如，排序的方式不是按数据的大小，而是按照没有明显数据关系的字段，如部门名称进行排序。上述这类操作都需要用到 Excel 的自定义排序功能。

1. 简单自定义排序

简单的自定义排序只需要打开【排序】对话框，设置其中的排序条件即可。

01 在【数据】选项卡的【排序和筛选】组中单击【排序】按钮，打开【排序】对话框，设置一个排序条件，单击【确定】按钮，如图 6-10 所示。

02 此时【奖金】列数据就按升序排序了，如图 6-11 所示。

图 6-10　　　　　　　　　　　　　　　　　　　图 6-11

2. 多条件自定义排序

只使用一个排序条件排序后，表格中的数据可能仍然没有达到用户的排序要求。此时用户可以设置多个排序条件，这样当排序值相等时，可以参考第二个排序条件进行排序。

01 打开【排序】对话框，单击【添加条件】按钮，如图 6-12 所示。

02 设置添加一个排序条件，然后单击【确定】按钮，如图 6-13 所示。

图 6-12　　　　　　　　　　　　　　　　　　　图 6-13

03 此时表格中的数据便按照【奖金】数据列的值进行升序排序，【奖金】数据列值相同的情况下，便按照【住房补贴】的数值大小进行升序排序，如图 6-14 所示。

	B	C	D	E	F	G	H	I	J	K	L
1	姓名	部门	性别	员工类别	基本工资	岗位工资	住房补贴	奖金	应发合计	事假天数	事假扣款
2	刘宏	销售	男	销售人员	2000	1000	300	0	3300	1	150
3	杨子琳	销售	男	销售人员	2000	1000	300	0	3300	0	0
4	张拉拉	销售	女	销售人员	2000	1000	300	0	3300	2	300
5	张三	行政	男	行政人员	2000	800	300	500	3600	0	0
6	李四	行政	女	行政人员	2000	800	300	500	3600	0	0
7	王波	行政	男	行政人员	2000	800	300	500	3600	1	164
8	方峻	行政	男	公司管理	4000	1500	600	500	6600	0	0
9	曹伟	销售	男	销售人员	2000	1000	300	600	3900	0	0
10	刘组明	销售	男	销售人员	2000	1000	300	700	4000	0	0
11	戴玲	销售	女	销售人员	2000	1000	300	800	4100	0	0
12	郭静	销售	女	销售人员	2000	1000	300	1100	4400	0	0
13	黄晓宁	销售	男	销售人员	2000	1000	300	1300	4600	0	0
14	陈帅	销售	男	销售人员	2000	1000	300	1400	4700	0	0
15	张荣	销售	男	销售人员	2000	1000	300	1500	4800	0	0
16	高伟伟	销售	男	销售管理	3800	1500	600	1700	7600	0	0
17	苏康	销售	男	销售人员	2000	1000	300	1800	5100	0	0
18	君瑶	销售	女	销售人员	2000	1000	300	2100	5400	1	245
19	田添	销售	男	销售管理	3800	1500	600	3000	8900	0	0

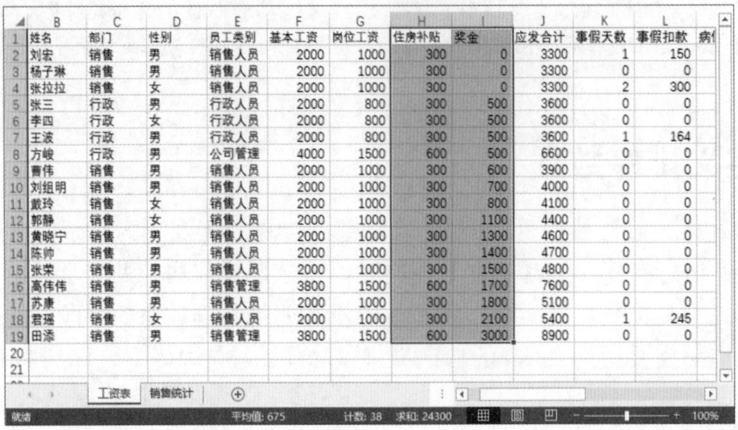

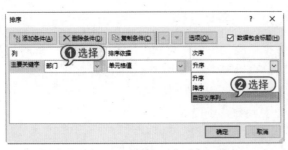

图 6-14

3. 自定义序列的排序

Excel 2019 还允许用户对数据进行自定义排序，通过【自定义序列】对话框可以对排序的依据进行设置。

01 打开【排序】对话框，在【主要关键字】下拉列表中选择【部门】选项，在【次序】下拉列表中选择【自定义序列】选项，如图 6-15 所示。

02 打开【自定义序列】对话框，在【输入序列】列表框中输入自定义序列内容“行政,销售”，然后单击【添加】按钮，如图 6-16 所示。

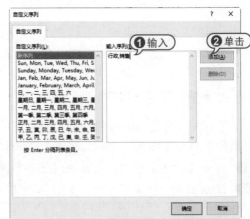

图 6-15

图 6-16

03 此时，在【自定义序列】列表框中显示刚添加的“行政,销售”序列，如图 6-17 所示，单击【确定】按钮，完成自定义序列操作。

04 返回【排序】对话框，此时【次序】下拉列表中已经显示【行政,销售】选项，单击【确定】按钮，如图 6-18 所示。

图 6-17

图 6-18

05 在该工作表中，排列的顺序为先是【行政】部门，然后是【销售】部门，效果如图 6-19 所示。

图 6-19

6.1.3　快速筛选

筛选是一种用于查找数据清单中数据的快速方法。使用 Excel 2019 自带的筛选功能，可以快速筛选表格中的数据。

01 选择【数据】选项卡，在【排序和筛选】组中单击【筛选】按钮，如图 6-20 所示。

02 此时，工作表进入筛选状态。各标题字段的右侧出现一个下拉按钮，单击【员工类别】旁边的筛选按钮，在弹出的下拉列表中，取消选中【全选】复选框，选中【销售人员】复选框，单击【确定】按钮，如图 6-21 所示。

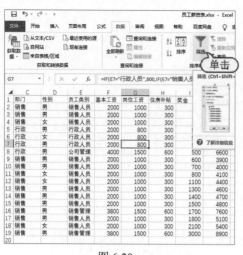

图 6-20

图 6-21

03 此时所有与【销售人员】相关的数据都被筛选出来，如图 6-22 所示。

04 完成筛选后，单击【排序和筛选】组中的【清除】按钮，如图 6-23 所示，此时即可清除当前数据区域的筛选状态。

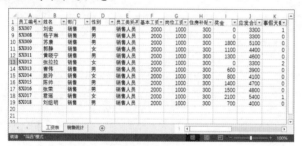

图 6-22

图 6-23

6.1.4 自定义筛选

自定义筛选是指通过自定义筛选条件，查询符合条件的数据记录。自定义筛选可以筛选出等于、大于、小于某个数的数据，还可以通过"或""与"这样的逻辑用语筛选数据。

1. 筛选大于或等于某个数的数据

筛选大于或等于某个数的数据时，只需要设置好数据大小，即可完成筛选。

01 在筛选状态中，单击【岗位工资】单元格的筛选按钮，在弹出的下拉菜单中选择【数字筛选】|【大于或等于】命令，如图 6-24 所示。

02 在打开的【自定义自动筛选方式】对话框中输入数据"1000"，单击【确定】按钮，如图 6-25 所示。

03 此时在 Excel 表格中，所有【岗位工资】金额大于或等于 1000 元的数据便被筛选出来，如图 6-26 所示。

图 6-24　　　　　　　　　　　　　　　　　　图 6-25

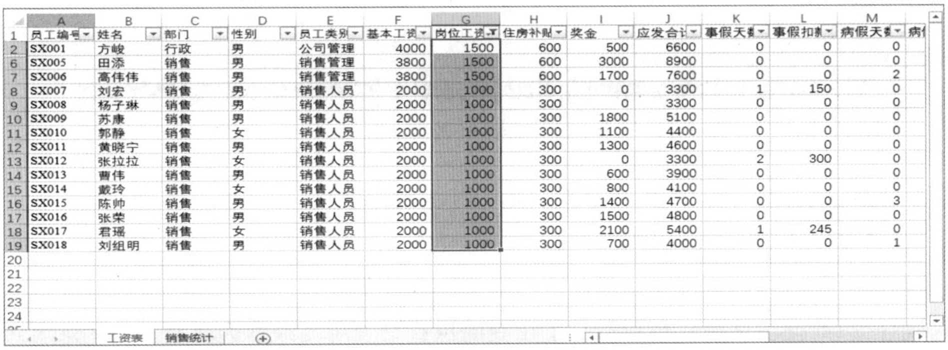

图 6-26

2. 自定义筛选条件

除了选择"大于""小于""等于""不等于"等条件外，用户还可以自定义筛选多个条件。

01 单击【应发工资】单元格的筛选按钮，选择下拉菜单中的【数字筛选】|【自定义筛选】命令，如图 6-27 所示。

02 打开【自定义自动筛选方式】对话框，设置【小于】的数值为 6000，选中【与】单选按钮，设置【大于或等于】的数值为 3000，表示筛选出小于 6000 以及大于或等于 3000 的数据，单击【确定】按钮，如图 6-28 所示。

图 6-27　　　　　　　　　　　　　　　　　　图 6-28

03 此时，【应发工资】金额小于 6000 元以及大于或等于 3000 元 的数据被筛选出来，如图 6-29 所示。

图 6-29

6.1.5 高级筛选

对于筛选条件较多的情况，可以使用高级筛选功能来处理。使用高级筛选功能，其筛选的结果可显示在原数据表格中，也可以显示在新的位置。使用高级筛选功能，必须先建立一个条件区域，用来指定筛选的数据所需满足的条件。

01 在表格空白的地方输入筛选条件，图 6-30 所示的筛选条件表示需要筛选出【员工类别】的【销售人员】实发工资合计大于 3000 元、【销售管理】实发工资合计小于 6000 元的数据，其单元格区域为 A21:B23。

02 单击【排序和筛选】组中的【高级】按钮，如图 6-31 所示。

图 6-30

图 6-31

03 打开【高级筛选】对话框，确定【列表区域】中选中了 "工资表" 表格原有的全部数据区域，然后单击【条件区域】的 ↑ 按钮，如图 6-32 所示。

04 拖曳鼠标选中条件区域范围 A21:B23，然后在【高级筛选 - 条件区域】对话框中单击 按钮，如图 6-33 所示。

图 6-32

图 6-33

05 单击【高级筛选】对话框中的【确定】按钮，如图 6-34 所示。

06 此时，满足筛选条件的数据被筛选出来，如图 6-35 所示。

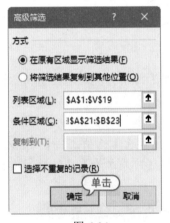

图 6-34

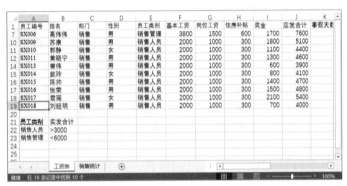

图 6-35

6.1.6 分类汇总数据

分类汇总是对数据清单进行数据分析的一种方法。分类汇总对数据库中指定的字段进行分类，然后统计同一类记录的有关信息。统计的内容由用户指定，可以统计同一类记录的记录条数，也可以对某些数值段求和、求平均值、求极值等。

1. 排序"奖金"

例如，对于"工资表"中的"应发工资"金额的统计，可以按"奖金"金额进行汇总。在创建分类汇总之前，用户必须先根据需要对数据清单进行排序。为了方便汇总"应发工资"，需要对"奖金"进行排序。

01 选中"奖金"单元格，然后单击【数据】选项卡的【排序和筛选】组中的【排序】按钮，如图 6-36 所示。

02 打开【排序】对话框，设置排序条件，单击【确定】按钮，如图 6-37 所示。

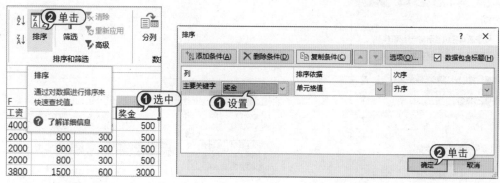

图 6-36　　　　　　　　　　　　　　　图 6-37

 提示

在创建分类汇总前，用户必须先对该数据列进行数据清单的排序操作，使得分类字段的同类数据排列在一起，否则在执行分类汇总操作后，Excel 只会对连续相同的数据进行汇总。

2. 创建分类汇总

当插入自动分类汇总时，Excel 将分级显示数据清单，以便为每个分类汇总显示和隐藏明细数据行。

01 选择【数据】选项卡，在【分级显示】组中单击【分类汇总】按钮，如图 6-38 所示。

02 打开【分类汇总】对话框，在【分类字段】下拉列表中选择【奖金】选项；在【汇总方式】下拉列表中选择【求和】选项；在【选定汇总项】列表框中选中【应发工资】复选框，然后单击【确定】按钮，如图 6-39 所示。

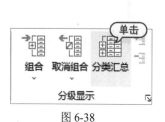

图 6-38　　　　　　　　　　　　　　　图 6-39

03 此时表格数据按照不同奖金金额进行【应发工资】的汇总，如图 6-40 所示。

04 单击汇总区域左上角的数字按钮 2，即可查看 2 级汇总结果，如图 6-41 所示。

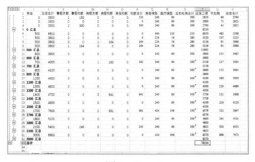

图 6-40

图 6-41

05 单击汇总区域左上角的数字按钮 1，即可查看 1 级汇总结果，如图 6-42 所示。

06 再次单击【分类汇总】按钮，打开【分类汇总】对话框，单击【全部删除】按钮即可删除之前的汇总统计，如图 6-43 所示。

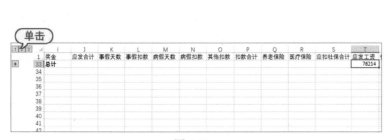

图 6-42

图 6-43

6.1.7 多重分类汇总

在 Excel 2019 中，有时需要同时按照多个分类项来对表格数据进行汇总计算。此时的多重分类汇总需要遵循以下 3 个原则。

- ▶ 先按分类项的优先级顺序对表格中的相关字段进行排序。
- ▶ 按分类项的优先级顺序多次执行【分类汇总】命令，并设置详细参数。
- ▶ 从第二次执行【分类汇总】命令开始，需要取消选中【分类汇总】对话框中的【替换当前分类汇总】复选框。

比如要在"工资表"中按"员工类别"的男和女的"应发工资"进行汇总，需要进行 2 次分类汇总的操作。

1. 第一次分类汇总

第一次分类汇总前需要选择【主要关键字】和【次要关键字】的数据列进行排序操作。

01 选中任意一个单元格，在【数据】选项卡的【排序和筛选】组中单击【排序】按钮，在弹出的【排序】对话框中，设置【主要关键字】为【员工类别】，然后单击【添加条件】按钮，如图 6-44 所示。

02 在【次要关键字】下拉列表中选择【性别】选项，然后单击【确定】按钮，完成排序，如图 6-45 所示。

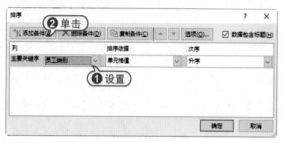

图 6-44

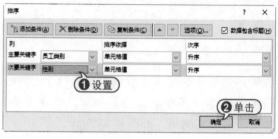

图 6-45

03 单击【分类汇总】按钮，打开【分类汇总】对话框，选择【分类字段】为【员工类别】、【汇总方式】为【求和】，选中【选定汇总项】列表框中的【应发工资】复选框，然后单击【确定】按钮，如图 6-46 所示。

04 此时，完成第一次分类汇总，查看二级汇总，如图 6-47 所示。

图 6-46

图 6-47

2. 第二次分类汇总

进行第二次分类汇总时，选择第二个分类字段，并取消选中【替换当前分类汇总】复选框。

01 单击【数据】选项卡的【分级显示】组中的【分类汇总】按钮，打开【分类汇总】对话框，选择【分类字段】为【性别】、【汇总方式】为【求和】，选中【选定汇总项】列表框中的【应发工资】复选框，取消选中【替换当前分类汇总】复选框，然后单击【确定】按钮，如图 6-48 所示。

02 此时表格同时根据【员工类别】和【性别】两个分类字段进行了汇总，单击【分级显示控制按钮】中的"3"，即可得到各员工类别的男和女的【应发工资】汇总，如图 6-49 所示。

图 6-48

图 6-49

6.2　制作"销售数据透视表"

数据透视表是一种从 Excel 数据表、关系数据库文件或 OLAP 多维数据集的特殊字段中总结信息的分析工具，它能够对大量数据快速汇总并建立交叉列表的交互式动态表格，帮助用户分析和组织数据。企业需要定期统计销售数据，统计出来的数据往往包含时间、商品种类、销量、销售区域等信息，如果将表格制作成数据透视表，能够提高数据的分析效率。

6.2.1　创建数据透视表

使用数据透视表可以将表格中的数据整合到一张透视表中，在透视表中通过设置字段，可以对比查看不同地区的商品销售情况。利用数据透视表对数据进行分析，需要先根据数据区域创建数据透视表。

01 打开"销售数据透视表"工作簿的"销售数据表"工作表，单击【插入】选项卡中的【数据透视表】按钮，选择下拉菜单中的【表格和区域】命令，如图 6-50 所示。

02 在打开的【来自表格或区域的数据透视表】对话框中单击【表 / 区域】中的 ⬆ 按钮，如图 6-51 所示。

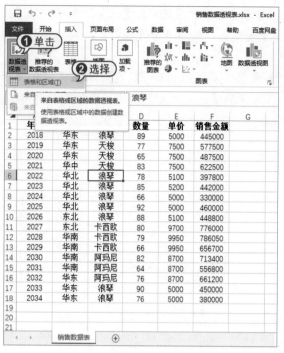

图 6-50

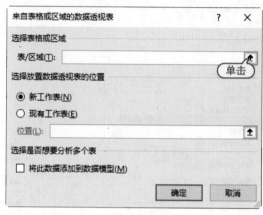

图 6-51

03 拖曳鼠标选中 A1:F18 单元格区域，然后单击对话框中的 按钮，如图 6-52 所示。

04 在【来自表格或区域的数据透视表】对话框中选中【新工作表】单选按钮，然后单击【确定】按钮，如图 6-53 所示。

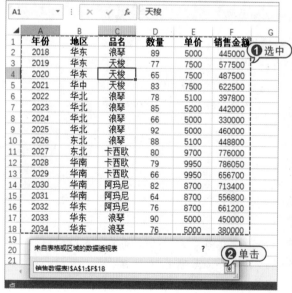

图 6-52

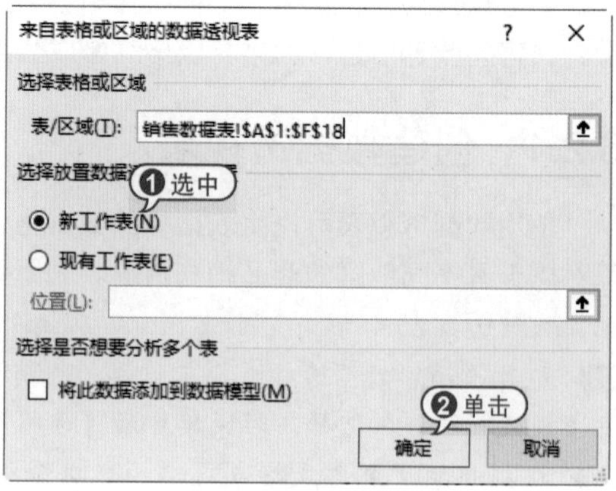

图 6-53

05 此时新建的数据透视表为一个新工作表，将其重命名为"数据透视表"，如图 6-54 所示。

图 6-54

6.2.2　设置数据透视表中的字段

　　成功创建数据透视表后，用户可以通过设置数据透视表的布局，使数据透视表能够满足不同角度分析数据的需求。在本例中，要分析不同地区的销量，则需要添加销售地区、商品名称、销售金额的对应字段。

01　在【数据透视表字段】窗格中选中需要的【地区】【品名】【销售金额】字段，使用拖动的方法，将字段拖到相应的位置，如图 6-55 所示。

02　此时完成数据透视表的字段设置，效果如图 6-56 所示。

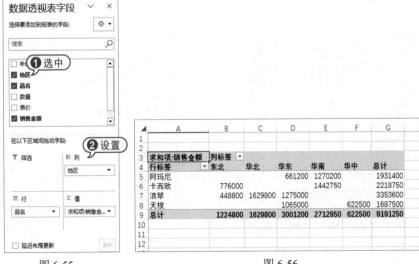

求和项:销售金额	列标签					总计
行标签	东北	华北	华东	华南	华中	
阿玛尼			661200	1270200		1931400
卡西欧	776000			1442750		2218750
浪琴	448800	1629800	1275000			3353600
天梭			1065000		622500	1687500
总计	1224800	1629800	3001200	2712950	622500	9191250

图 6-55　　　　　　　　　　　　　图 6-56

6.2.3　计算不同地区销售额的平均数

数据透视表在默认情况下统计的是数据求和，用户可以通过设置，将求和改成求平均值，对比不同地区销售金额的平均值。

01 在【数据透视表字段】窗格中选中【地区】【品名】【数量】【销售金额】字段，此时【销售金额】默认的是【求和项】，如图 6-57 所示。

02 右击表格中的任一单元格，从弹出的快捷菜单中选择【值字段设置】命令，打开【值字段设置】对话框，选择【计算类型】为【平均值】，单击【确定】按钮，如图 6-58 所示。

图 6-57

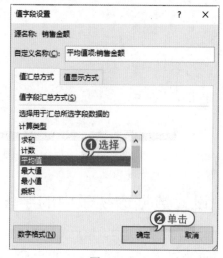

图 6-58

03 当值字段设置为平均值时，用户可以在数据透视表中查看不同地区不同商品销售金额的平均值，如图 6-59 所示。

04 选中数据透视表中的数据单元格，单击【开始】选项卡的【样式】组中的【条件格式】按钮，在弹出的下拉菜单中选择【色阶】|【绿-白色阶】选项，如图 6-60 所示。

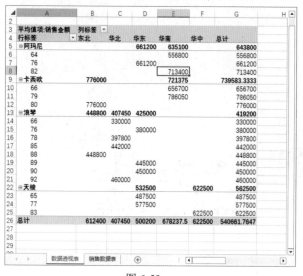

图 6-59

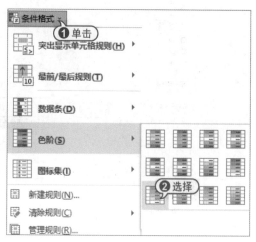

图 6-60

05 此时数据透视表按照表格中的数据填充上深浅不一的颜色。通过颜色对比，用户可以很快分析出哪个地区的销售额平均值最高，哪种商品的销售额平均值最高，如图 6-61 所示。

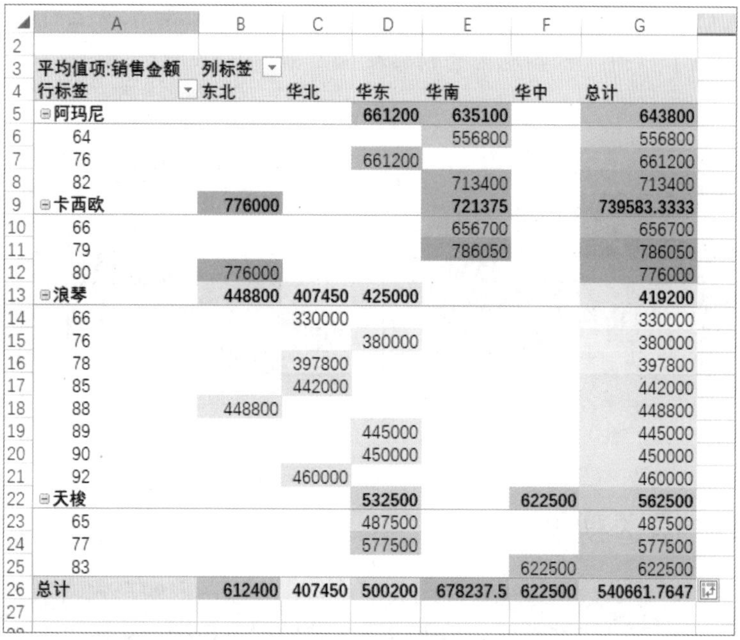

	A	B	C	D	E	F	G
2							
3	平均值项:销售金额	列标签					
4	行标签	东北	华北	华东	华南	华中	总计
5	⊟阿玛尼			661200	635100		643800
6	64				556800		556800
7	76			661200			661200
8	82				713400		713400
9	⊟卡西欧	776000			721375		739583.3333
10	66				656700		656700
11	79				786050		786050
12	80	776000					776000
13	⊟浪琴	448800	407450	425000			419200
14	66		330000				330000
15	76			380000			380000
16	78		397800				397800
17	85		442000				442000
18	88	448800					448800
19	89			445000			445000
20	90			450000			450000
21	92		460000				460000
22	⊟天梭			532500		622500	562500
23	65			487500			487500
24	77			577500			577500
25	83					622500	622500
26	总计	612400	407450	500200	678237.5	622500	540661.7647
27							

图 6-61

6.2.4　使用切片器分析

切片器是 Excel 中自带的一个简便的筛选组件，使用切片器可以方便地筛选出数据表中的数据。

01 在数据透视表中，选择【数据透视表分析】选项卡，单击【筛选】组中的【插入切片器】按钮，如图 6-62 所示。

02 打开【插入切片器】对话框，选中需要的数据项目，如【年份】，然后单击【确定】按钮，如图 6-63 所示。

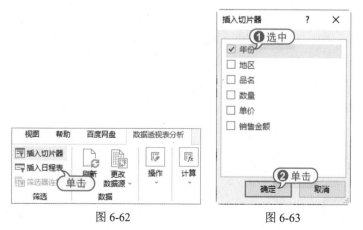

图 6-62　　　　　　　图 6-63

03 此时打开切片器筛选对话框，选择一个年份，如【2020】年，则会只显示该年份的数据，如图 6-64 所示。

04 单击切片器上方的【清除筛选器】按钮，清除筛选。然后根据上面的方法，重新选择筛选项目，如【地区】，则显示各地区的销售数据，如图 6-65 所示。

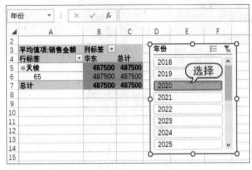

图 6-64   图 6-65

6.2.5 制作数据透视图

数据透视图可以看作是数据透视表和图表的结合，它以图形的形式表示数据透视表中的数据。在 Excel 2019 中，可以根据数据透视表快速创建数据透视图，从而更加直观地显示数据透视表中的数据，方便用户对其进行分析和管理。

01 打开【数据透视表分析】选项卡，在【工具】组中单击【数据透视图】按钮，如图 6-66 所示。

02 打开【插入图表】对话框，在【柱形图】选项卡中选择【簇状柱形图】选项，然后单击【确定】按钮，如图 6-67 所示。

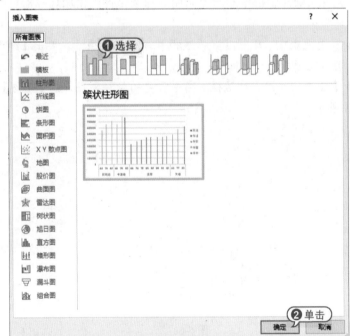

图 6-66   图 6-67

03 打开【数据透视图工具】|【设计】选项卡，在【位置】组中单击【移动图表】按钮，打开【移动图表】对话框，选中【新工作表】单选按钮，在其文本框中输入工作表的名称"数据透视图"，然后单击【确定】按钮，如图 6-68 所示。

04 此时在工作簿中添加了一个新工作表"数据透视图"，同时该数据透视图将插入该工作表中，效果如图 6-69 所示。

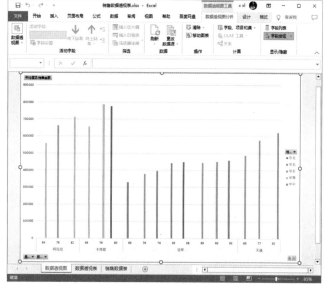

图 6-68　　　　　　　　　　　　　　　　　　　图 6-69

05 数据透视图可以通过数据透视表字段列表和字段按钮来分析和筛选项目。打开【数据透视图分析】选项卡，在【显示 / 隐藏】组中分别单击【字段列表】和【字段按钮】按钮，显示【数据透视图字段】窗格和字段按钮，如图 6-70 所示。

06 单击【地区】字段下拉按钮，从弹出的菜单中只选中【华东】复选框，单击【确定】按钮，如图 6-71 所示，即可在数据透视图中显示华东地区的项目数据。

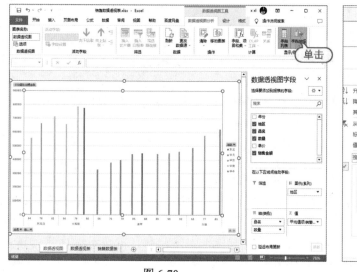

图 6-70　　　　　　　　　　　　　　　　　　　图 6-71

07 单击【品名】字段下拉按钮，从弹出的菜单中只选中【浪琴】复选框，单击【确定】按钮，如图 6-72 所示。

08 此时在数据透视图中显示华东地区浪琴表的销售数据，如图 6-73 所示。

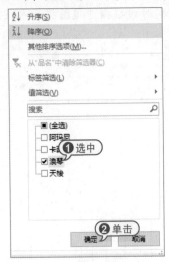

图 6-72   图 6-73

 提示

与设计图表操作类似，用户可以为数据透视图设置样式、图表标题、背景墙和基底色等。在数据透视图的【设计】和【格式】选项卡中可以对其进行设置。

6.3 制作"销售业绩走势图"

要制作销售业绩统计类图表，可以根据统计汇报重点的需要，选择性地将数据转换成不同类型的图表。例如，领导看重的是实际数据，为数据加上迷你图即可；如果想要呈现业绩的趋势，则可以选择折线图类型的图表。

6.3.1 制作迷你图

迷你图是创建在单元格中的小型图表，使用迷你图可以直观地反映一组数据的变化趋势，如每月销售业绩的变化等。

1. 创建折线迷你图

折线迷你图体现的是数据的变化趋势，添加方法如下。

01 打开"销售业绩走势图"工作簿，在【插入】选项卡中单击【迷你图】组中的【折线】按钮，如图 6-74 所示。

02 打开【创建迷你图】对话框，单击【数据范围】文本框的 按钮，拖动选择 B4:M7 单元格区域，再单击 按钮返回【创建迷你图】对话框，如图 6-75 所示。

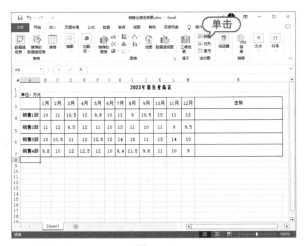

图 6-74

图 6-75

03 单击【位置范围】文本框的 ⬆ 按钮，拖动选择 N4:N7 单元格区域，再单击 🔲 按钮返回【创建迷你图】对话框，单击【确定】按钮，如图 6-76 所示。

04 切换至【迷你图】选项卡，在【样式】组中单击【其他】按钮，在弹出的下拉菜单中选择一种样式，如图 6-77 所示。

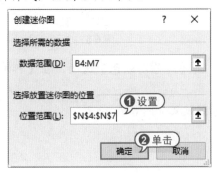

图 6-76

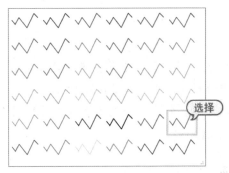

图 6-77

05 在【样式】组中单击【标记颜色】下拉按钮，在弹出的下拉菜单中选择【高点】|【红色】选项，如图 6-78 所示。

06 返回工作表，拖曳边线以加宽 N 列单元格，迷你图效果如图 6-79 所示。

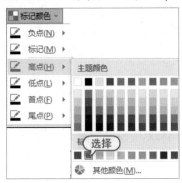

图 6-78

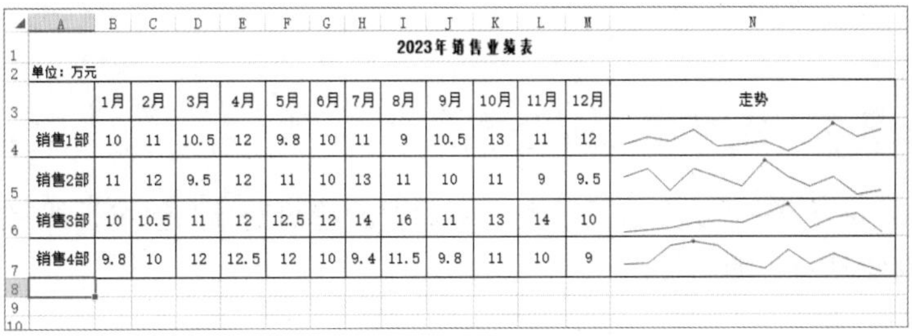

图 6-79

141

2. 创建柱形迷你图

柱形迷你图呈现的是数据的大小对比，使用户可以更加直观地查看表格数据。

01 打开"销售业绩走势图"工作簿，在【插入】选项卡中单击【迷你图】组中的【柱形】按钮，如图 6-80 所示。

02 打开【创建迷你图】对话框，使用上面的方法选择数据范围和位置范围，如图 6-81 所示。

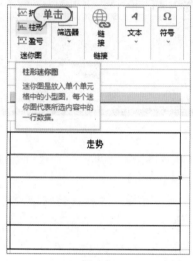

图 6-80

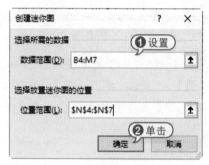

图 6-81

03 在【样式】组中单击【标记颜色】下拉按钮，单击【迷你图颜色】选项，在【标准色】组中选择浅蓝色，如图 6-82 所示。

04 返回工作表，拖曳边线以加宽 N 列单元格，迷你图效果如图 6-83 所示。

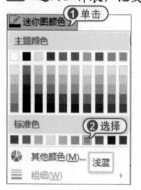

图 6-82

图 6-83

6.3.2　制作折线趋势图

折线图可以突出显示表格中数据的趋势对比。创建折线趋势图后，还需要调整折线图格式，以使趋势更加明显。

01 选中表格中的 A3:M7 单元格区域，在【插入】选项卡中单击【图表】组中的【插入折线图或面积图】按钮，在弹出的下拉菜单中选择【折线图】选项，如图 6-84 所示。

02 此时即可创建折线图图表，效果如图 6-85 所示。

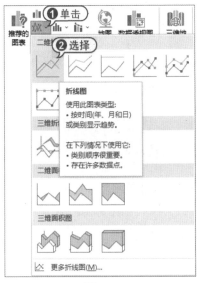

图 6-84

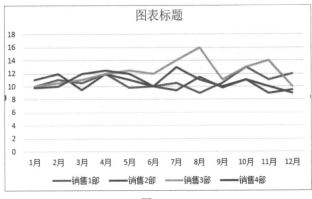

图 6-85

03 将光标放到折线图标题中，删除原来的标题，输入新的标题，并设置标题的文字格式，效果如图 6-86 所示。

04 双击 Y 轴，打开【设置坐标轴格式】窗格，在【坐标轴选项】选项卡中单击 按钮，设置【边界】最小值和最大值分别为 9 和 17，如图 6-87 所示。

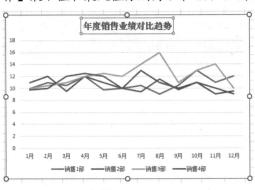

图 6-86

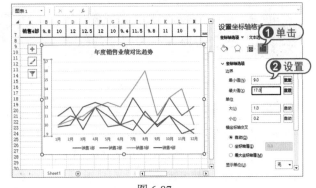

图 6-87

05 双击 X 轴，在打开的【设置坐标轴格式】窗格的【坐标轴选项】选项卡中单击 按钮，设置【渐变填充】颜色，如图 6-88 所示。

06 双击图例，在打开的【设置图例格式】窗格的【图例选项】选项卡中单击 按钮，设置【图例位置】为【靠上】，如图 6-89 所示。

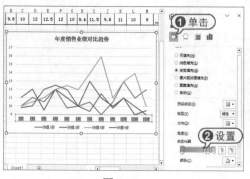

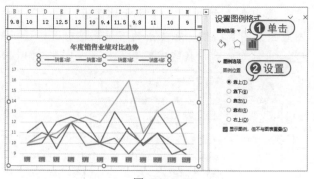

图 6-88	图 6-89

07 双击代表【销售 3 部】的折线，在打开的【设置数据系列格式】窗格中单击 按钮，设置折线颜色为橙色，如图 6-90 所示。

08 使用相同的方法，设置【销售 4 部】的折线为绿色，最后的图表效果如图 6-91 所示。

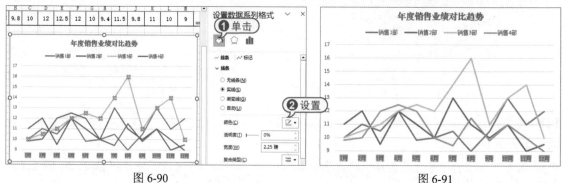

图 6-90	图 6-91

6.4　高手技巧

技巧 1：使用模糊筛选

用于在数据表中筛选的条件，如果不能明确指定某项内容，而是某一类内容 (如 "姓名" 列中的某一个字)，可以使用 Excel 提供的通配符来进行筛选，即模糊筛选。

模糊筛选中通配符的使用必须借助【自定义自动筛选方式】对话框来实现，并允许使用两种通配符条件，可以使用 "？" 代表一个 (且仅有一个) 字符，使用 "*" 代表 0 到任意多个连续字符。Excel 中有关通配符的使用说明，如表 6-1 所示。

表 6-1　Excel 通配符使用说明

条　件		符合条件的数据
等于	S*r	Summer，Server
等于	王？燕	王小燕，王大燕
等于	K???1	Kitt1，Kite1

（续表）

条　件		符合条件的数据
等于	P*n	Python，Psn
包含	~?	可筛选出含有 ? 的数据
包含	~*	可筛选出含有 * 的数据

01 在 Excel 的空白处输入筛选条件，如图 6-92 所示的筛选条件表示需要筛选出【姓名】为"张"开头、后面带 2 个字符的数据，其单元格区域为 D21:D22。

02 单击【数据】选项卡的【排序和筛选】组中的【高级】按钮，在【高级筛选】对话框中单击【条件区域】的 ![]按钮，拖曳鼠标选中条件区域范围 D21:D22，然后单击 ![]按钮，如图 6-93 所示。

图 6-92　　　　　　　　　　　　　　　图 6-93

03 单击【高级筛选】对话框中的【确定】按钮，如图 6-94 所示。

04 返回工作表，此时符合条件的数据被筛选出来，如图 6-95 所示。

图 6-94　　　　　　　　　　　　　　　图 6-95

技巧 2：圈释无效数据

Excel 数据有效性具有圈释无效数据的功能，可以方便查找出错误或不符合条件的数据。比如下面圈出"名次"大于 20 的数据。

01 选中【名次】列中的数据 F3:F26，单击【数据】选项卡的【数据工具】组中的【数据验证】按钮，如图 6-96 所示。

02 打开【数据验证】对话框，选择【设置】选项卡，在【允许】下拉列表中选择【整数】选项，在【数据】下拉列表中选择【小于或等于】选项，在【最大值】文本框中输入 20，然后单击【确定】按钮，如图 6-97 所示。

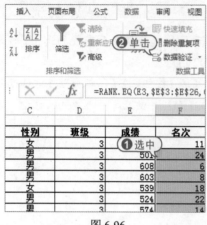

图 6-96

图 6-97

03 返回表格，在【数据】选项卡的【数据工具】组中，单击【数据验证】按钮旁的下拉按钮，在其下拉菜单中选择【圈释无效数据】命令，如图 6-98 所示。

04 此时，表格内凡是"名次"大于 20 的都会被红圈圈出，如图 6-99 所示。

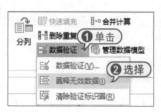

图 6-98

图 6-99

第 7 章
使用 PowerPoint 制作演示文稿

| 本章导读 |

　　PowerPoint 2019 是 Office 组件中一款用来制作演示文稿的软件，它为用户提供了丰富的背景和配色方案，用于制作精美的幻灯片效果。本章将通过制作"公司销售策略模板"和"产品推广 PPT"等演示文稿，介绍使用 PowerPoint 2019 制作和编辑幻灯片的操作技巧。

7.1 制作"公司销售策略模板"

销售策略演示文稿主要用于展示公司的销售策划方案。用户可以使用 PowerPoint 2019 提供的模板创建演示文稿，还可以编辑幻灯片的母版以及主题适配相关内容。本节以制作"公司销售策略模板"演示文稿为例介绍幻灯片的基本制作方法。

7.1.1 根据模板创建演示文稿

PowerPoint 除了可以创建最简单的空白演示文稿外，还可以根据自定义模板和内置模板创建演示文稿。模板是一种以特殊格式保存的演示文稿，一旦应用了一种模板后，幻灯片的背景图形、配色方案等就都已经确定，所以套用模板可以提高新建演示文稿的效率。

01 启动 PowerPoint 2019，在【新建】选项卡中的文本框内输入"项目策划商务模板"，单击 🔍 按钮开始搜索模板，然后单击搜索到的模板缩略图，如图 7-1 所示。

02 打开对话框，单击【创建】按钮即可下载模板，如图 7-2 所示。

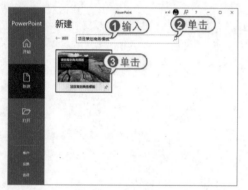

图 7-1

图 7-2

03 稍后将打开使用该模板创建的演示文稿，如图 7-3 所示。

图 7-3

7.1.2 修改幻灯片主题

PowerPoint 提供了多种主题颜色，使幻灯片具有丰富的色彩和良好的视觉效果。PowerPoint 2019 提供了几十种内置的主题，此外还可以自定义主题的颜色等。

01 打开【设计】选项卡，在【主题】组中单击【其他】按钮，从弹出的下拉列表框中选择一种主题，即可将其应用于单个演示文稿中，如图 7-4 所示。

02 选择要应用另一主题的幻灯片，在【设计】选项卡的【主题】组中单击【其他】按钮，从弹出的下拉列表框中右击所需的主题，从弹出的快捷菜单中选择【应用于选定幻灯片】命令，如图 7-5 所示，此时将其应用于所选中的幻灯片中。

图 7-4

图 7-5

03 PowerPoint 为每种设计模板提供了几十种内置的主题颜色。选择【设计】选项卡，在【变体】组中单击按钮，然后在弹出的主题颜色菜单中选择【颜色】|【黄色】选项，自动为幻灯片应用该主题颜色，如图 7-6 所示。

04 选择【颜色】|【自定义颜色】选项，打开【新建主题颜色】对话框，在【名称】文本框中输入自定义名称，设置主题的颜色参数，然后单击【保存】按钮，如图 7-7 所示，设置的主题颜色将自动应用于当前幻灯片中。

图 7-6

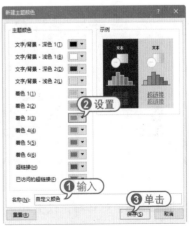

图 7-7

7.1.3 编辑幻灯片母版

幻灯片母版决定着幻灯片的外观，用于设置幻灯片的标题、正文文字等样式，包括字体、字号、字体颜色和阴影等效果。

01 单击【视图】选项卡的【母版视图】组中的【幻灯片母版】按钮，进入母版视图，如图 7-8 所示。

02 默认选择左侧版式缩略图，删除页面中的一些文本框，然后调整色条的长度和大小，如图 7-9 所示。

图 7-8

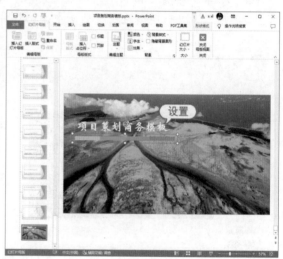

图 7-9

03 在【插入】选项卡中单击【形状】按钮，选择【矩形：剪去单角】选项，如图 7-10 所示。

04 绘制矩形后，在【形状格式】选项卡中单击【形状填充】下拉按钮，在下拉菜单中选择【其他填充颜色】命令，如图 7-11 所示。

图 7-10

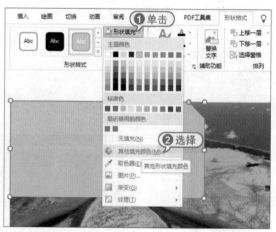

图 7-11

05 打开【颜色】对话框，设置颜色和透明度，然后单击【确定】按钮，如图 7-12 所示。

第 7 章　使用 PowerPoint 制作演示文稿

06 单击【形状轮廓】下拉按钮，在下拉菜单中选择【无轮廓】命令，如图 7-13 所示。

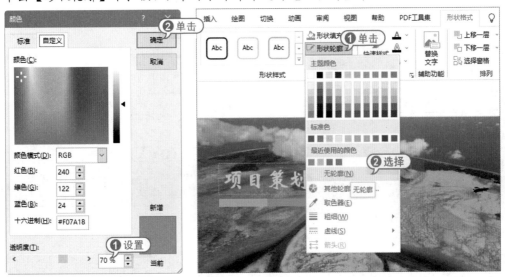

图 7-12	图 7-13

07 将矩形下移一层，选择标题文字框，设置字体和颜色，如图 7-14 所示。

08 在【幻灯片母版】选项卡中单击【关闭母版视图】按钮，退出母版视图，如图 7-15 所示。

图 7-14	图 7-15

7.1.4　保存演示文稿

编辑完演示文稿后，需要将演示文稿保存起来，以便以后使用。

01 单击【文件】按钮，选择【保存】或【另存为】选项，选择【浏览】选项，如图 7-16 所示。

02 打开【另存为】对话框，输入文件名并设置保存位置后，单击【保存】按钮，如图 7-17 所示。

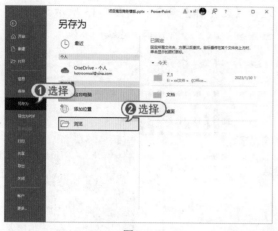

图 7-16   图 7-17

7.2   制作 "产品推广 PPT"

当公司需要向客户介绍公司产品时，就需要用到产品推广 PPT。这类演示文稿包含产品简介、产品亮点、产品服务等信息。要制作该类 PPT，首先要创建演示文稿，然后制作文件的框架，如封面、首页、底页、目录等，最后制作内容。

7.2.1   新建空白演示文稿

空白演示文稿是一种形式最简单的演示文稿，没有应用模板设计、配色方案及动画方案，用户可以自由设计。

01 启动 PowerPoint 2019，在打开的界面中选择【空白演示文稿】选项，如图 7-18 所示。

02 此时创建名为 "演示文稿 1" 的空白演示文稿，默认插入一张幻灯片，如图 7-19 所示。

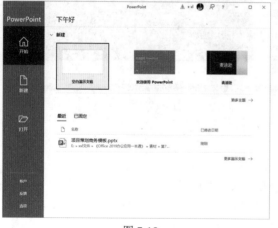

图 7-18   图 7-19

03 以 "产品推广 PPT" 为名保存演示文稿，如图 7-20 所示。

图 7-20

7.2.2　新建幻灯片

创建新演示文稿后，PowerPoint 会自动建立一张新的幻灯片，要继续新建幻灯片，可以使用下面的操作。

01 在【开始】选项卡中，单击【新建幻灯片】下拉按钮，在弹出的菜单中选择【标题和内容】选项，如图 7-21 所示。

02 此时插入一张新的空白幻灯片，效果如图 7-22 所示。

图 7-21

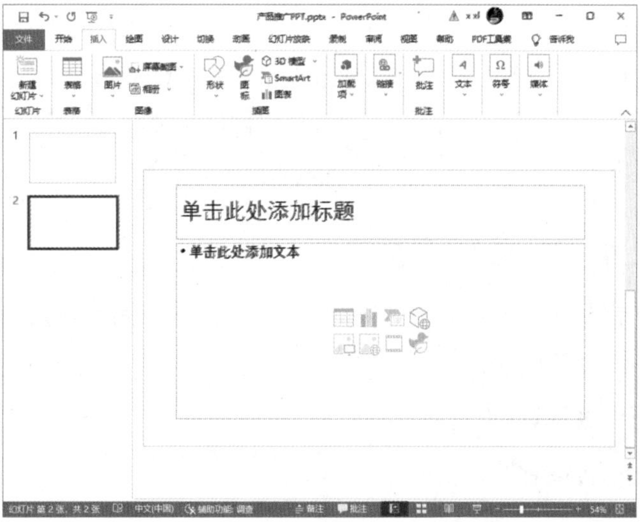

图 7-22

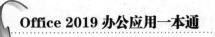

 提示

　　要插入幻灯片，还可以在幻灯片预览窗格中，右击一张幻灯片，从弹出的快捷菜单中选择【新建幻灯片】命令，即可在选择的幻灯片之后插入一张新的幻灯片；或者在幻灯片预览窗格中，选择一张幻灯片，然后按 Enter 键，即可插入一张新的幻灯片。

7.2.3　移动和复制幻灯片

　　PowerPoint 支持以幻灯片为对象的移动和复制操作，可以将整张幻灯片及其内容进行移动或复制。

1. 移动幻灯片

　　在制作演示文稿时，如果需要重新排列幻灯片的顺序，就需要移动幻灯片。移动幻灯片的方法如下。

　　第一步：选中需要移动的幻灯片，在【开始】选项卡的【剪贴板】组中单击【剪切】按钮 ✂；第二步：在需要移动到的目标位置单击，然后在【开始】选项卡的【剪贴板】组中单击【粘贴】按钮 📋。

2. 复制幻灯片

　　在制作演示文稿时，有时会需要两张内容基本相同的幻灯片。此时，可以利用幻灯片的复制功能，复制出一张相同的幻灯片，然后对其进行适当的修改。复制幻灯片的方法如下。

　　第一步：选中需要复制的幻灯片，在【开始】选项卡的【剪贴板】组中单击【复制】按钮 📋；第二步：在需要插入幻灯片的位置单击，然后在【开始】选项卡的【剪贴板】组中单击【粘贴】按钮 📋。

　　用户可以同时选择多张幻灯片进行上述操作。Ctrl+C、Ctrl+V 组合键同样适用于幻灯片的复制和粘贴操作。另外，用户还可以通过拖动鼠标左键复制幻灯片。方法很简单，选择要复制的幻灯片，按住 Ctrl 键，然后按住鼠标左键拖动选定的幻灯片，在拖动的过程中出现一条竖线表示选定幻灯片的新位置，此时释放鼠标左键，再松开 Ctrl 键，选择的幻灯片将被复制到目标位置。

7.2.4　编辑封面页

　　完成上述操作后可以选中封面页幻灯片进行内容编排，主要涉及的操作包括输入文本、插入图片、裁剪形状等。

1. 输入文本

　　在 PowerPoint 2019 中，不能直接在幻灯片中输入文字，只能通过占位符或文本框来添加文本。

大多数幻灯片的版式中都提供了文本占位符，这种占位符中预设了文字的属性和样式，供用户添加标题文字、项目文字等。占位符文本的输入主要在普通视图中进行。

　　使用文本框，可以在幻灯片中放置多个文字块，可以使文字按照不同的方向排列；也可以打破幻灯片版式的制约，在幻灯片中的任意位置上添加文字信息。

01 选中第 1 张幻灯片缩略图，在幻灯片编辑窗口中单击【单击此处添加标题】占位符，输入标题文本，然后在【开始】选项卡的【字体】组中设置字体和颜色，如图 7-23 所示。

02 在幻灯片编辑窗口中单击【单击此处添加副标题】占位符，输入副标题文本，然后在【开始】选项卡的【字体】组中设置字体和颜色，如图 7-24 所示。

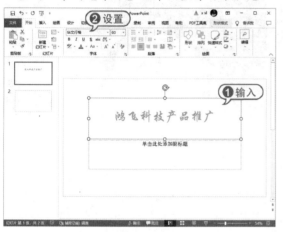
图 7-23

图 7-24

2. 插入图片

　　在 PowerPoint 中，可以方便地插入各种来源的图片文件，如 PowerPoint 自带的剪贴画、利用其他软件制作的图片、从互联网下载或通过扫描仪及数码相机输入的图片等。

01 选中第 1 张幻灯片缩略图，单击【插入】选项卡的【图像】组中的【图片】下拉按钮，在弹出的下拉列表中选择【此设备】命令，如图 7-25 所示。

02 打开【插入图片】对话框，选中一张图片，单击【插入】按钮，如图 7-26 所示。

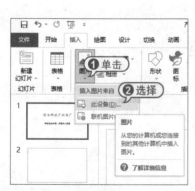
图 7-25

图 7-26

03 插入图片后，选中该图片，使用鼠标调整其位置和大小，如图 7-27 所示。

04 右击图片，在弹出的快捷菜单中选择【置于底层】命令，使其位于文字框下方，如图 7-28 所示。

图 7-27　　　　　　　　　　　　　　　　　　图 7-28

3. 裁剪形状

使用裁剪工具可以截取图片显示内容，让用户更自由地调整图片形状。

01 选择【图片格式】选项卡，在【大小】组中单击【裁剪】下拉按钮，在弹出的下拉列表中选择【剪裁为形状】|【圆角矩形】选项，如图 7-29 所示。

02 此时显示裁剪后的图片形状，如图 7-30 所示。

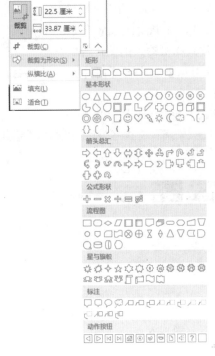

图 7-29　　　　　　　　　　　　　　　　　　图 7-30

7.2.5　编辑封底页

幻灯片的封底页完全可以使用与封面页一样的格式进行排版，因为只是文字内容有所不同，从而保证制作的效率和统一。

01 按 Ctrl+A 组合键，选中封面页中的所有内容，如图 7-31 所示，然后按 Ctrl+C 组合键复制内容。

02 新建一张空白幻灯片作为封底页幻灯片 (第 3 张幻灯片)，单击【开始】选项卡中的【粘贴】下拉按钮，选择下拉菜单中的【使用目标主题】选项，即可粘贴封面页内容，如图 7-32 所示。

图 7-31

图 7-32

03 删除第一个占位符内的文字，输入新的文字，然后设置文字格式，如图 7-33 所示。

04 删除第二个占位符内的文字，输入新的文字，然后设置文字格式，并调整占位符位置，如图 7-34 所示。

图 7-33

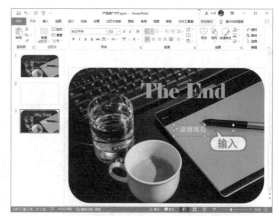

图 7-34

7.2.6　编辑目录页

在大部分 PPT 里面，目录页用于展示幻灯片的框架和结构，下面介绍制作目录页的操作方法，以插入形状等内容为主。

01 新建一张空白幻灯片（为第 2 张幻灯片），使用与前面相同的方法插入一张图片，如图 7-35 所示。

02 在【插入】选项卡的【插图】组中单击【形状】下拉按钮，在弹出的下拉列表中选择【矩形：折角】选项，如图 7-36 所示。

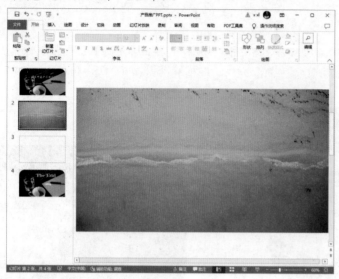

图 7-35   图 7-36

03 绘制一个折角矩形，如图 7-37 所示。

04 移动矩形到图片左上方，在【形状格式】选项卡中设置【形状轮廓】为无轮廓、【形状填充】为浅蓝色，如图 7-38 所示。

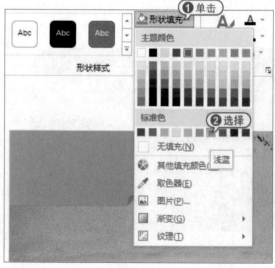

图 7-37   图 7-38

05 参照前面的方法绘制一个菱形形状，然后进行复制和粘贴，形成 3 个菱形，如图 7-39 所示。

06 设置菱形格式 (无轮廓，浅蓝色填充) 后，垂直排列 3 个菱形，单击【对齐对象】按钮，在弹出的下拉菜单中选择【纵向分布】命令，如图 7-40 所示。

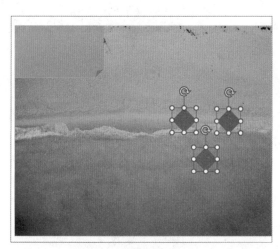

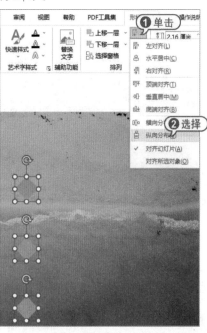

图 7-39　　　　　　　　　　　　　　　图 7-40

07 在矩形中输入 "目录" 并设置字体格式，然后在 3 个菱形中输入数字编号，如图 7-41 所示。

08 在【插入】选项卡中单击【文本框】下拉按钮，选择【绘制横排文本框】命令，如图 7-42 所示。

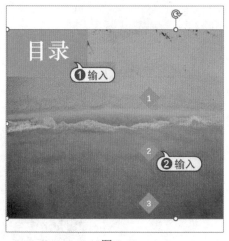

图 7-41

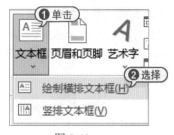

图 7-42

09 在 3 个菱形右侧分别绘制 3 个文本框，如图 7-43 所示。

10 在文本框内输入文本并设置字体格式，如图 7-44 所示。

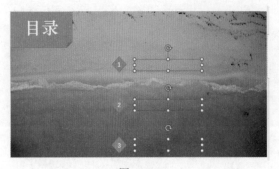

图 7-43

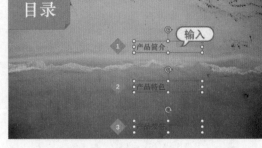

图 7-44

7.2.7　编辑内容页

内容页是幻灯片中页数占比较大的幻灯片类型，主要以图文混排的结构为主。用户可以先编辑一张幻灯片内容，然后进行复制和粘贴幻灯片的操作，并对其进行修改和编辑，以提高制作效率。

01 选择第 3 张幻灯片，在幻灯片编辑窗口中单击【单击此处添加标题】占位符，输入标题文本，然后在【开始】选项卡中设置字体和颜色，如图 7-45 所示。

02 在下面的占位符中单击【图片】按钮，如图 7-46 所示。

图 7-45

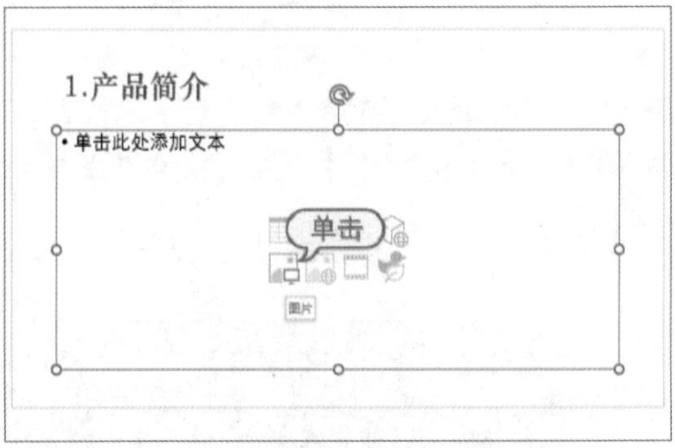

图 7-46

03 打开【插入图片】对话框，选择一张图片并插入，如图 7-47 所示。

04 调整图片的大小和位置，如图 7-48 所示。

图 7-47

图 7-48

05 绘制一个横排文本框，输入文字后设置文本格式，如图 7-49 所示。

06 按照相同的方法，完成其他内容页的设计，效果如图 7-50 所示。

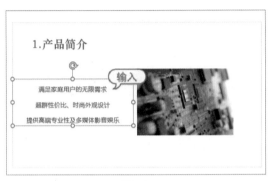

图 7-49　　　　　　　　　　　　　　　　　图 7-50

7.3　制作"销售图表 PPT"

本节将制作"销售图表 PPT"，使用户掌握插入表格、SmartArt 图形以及添加音频或视频的操作技巧，添加这些元素可以丰富幻灯片的效果。

7.3.1　插入表格

表格采用行列化的形式，它与幻灯片页面文字相比，更能体现出数据的对应性及内在的联系。

01 在【新建】界面中，以【幻灯片】模板新建一个名为"销售图表 PPT"的演示文稿，如图 7-51 所示。

02 新建 3 张幻灯片，选择第 1 张幻灯片，输入文字并设置文字格式，如图 7-52 所示。

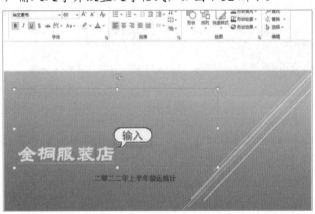

图 7-51　　　　　　　　　　　　　　　　　图 7-52

03 选择第 2 张幻灯片，输入标题文字后，在【插入】选项卡中单击【表格】按钮，选择【插入表格】命令，如图 7-53 所示。

04 打开【插入表格】对话框，在【列数】和【行数】文本框中分别输入 2 和 5，单击【确定】按钮，如图 7-54 所示。

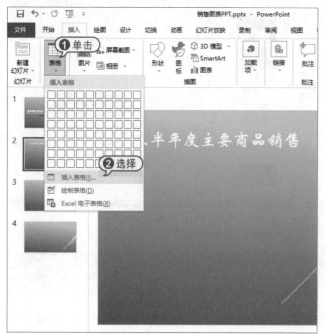

图 7-53

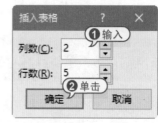

图 7-54

05 此时在幻灯片中插入一个 2 列 5 行的空白表格，可以调整其大小和位置，如图 7-55 所示。

06 在表格中单击鼠标，显示插入点后，输入文字，并设置字体格式，效果如图 7-56 所示。

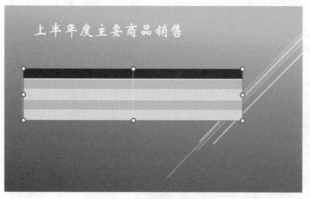

图 7-55

图 7-56

07 打开【表设计】选项卡，在【表格样式】组中单击按钮，打开下拉列表，选择一种表格样式，如图 7-57 所示。

08 应用该表格样式后的效果如图 7-58 所示。

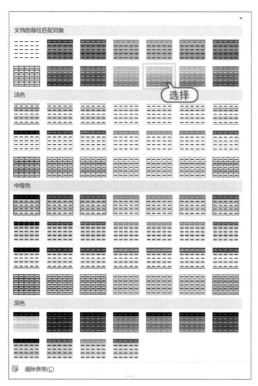

图 7-57

图 7-58

09 在表格中选中"打底毛衣"单元格，在【表设计】选项卡的【表格样式】组中单击【底纹】下拉按钮，选择【纹理】|【斜纹布】选项，添加底纹效果，如图 7-59 所示。

10 使用上面的方法，为其他单元格添加适当的底纹效果，如图 7-60 所示。

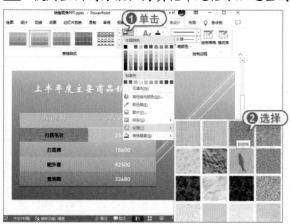

图 7-59

图 7-60

11 选中整个表格，在【表设计】选项卡的【表格样式】组中单击【效果】下拉按钮，选择【阴影】|【偏移：中】选项，为表格添加阴影效果，如图 7-61 所示。

12 选中整个表格，在【表设计】选项卡中的【表格样式】组单击【框线】下拉按钮，选择【所有框线】命令，使表格显示内外所有框线，如图 7-62 所示。

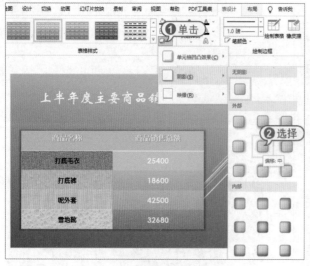
图 7-61

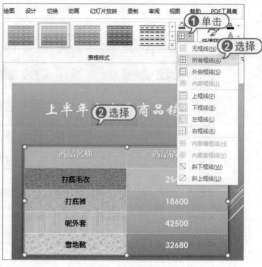
图 7-62

7.3.2 插入 SmartArt 图形

SmartArt 图形包括图形列表、流程图以及更为复杂的图形，可以使用户以更为直观的方式理解幻灯片中的信息内容。

01 选择第 4 张幻灯片，在【插入】选项卡的【插图】组中单击【SmartArt】按钮，如图 7-63 所示。

02 打开【选择 SmartArt 图形】对话框，选择【流程】|【连续块状流程】选项，单击【确定】按钮，如图 7-64 所示。

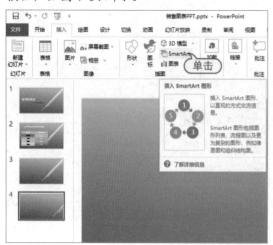
图 7-63

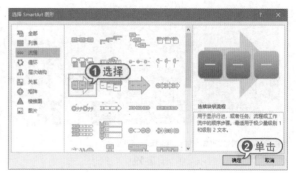
图 7-64

03 此时，即可在幻灯片中插入该 SmartArt 图形，如图 7-65 所示。

04 选中最后一个【文本】形状，右击打开快捷菜单，选择【添加形状】|【在后面添加形状】命令，如图 7-66 所示。

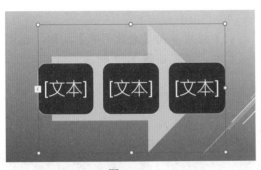

图 7-65

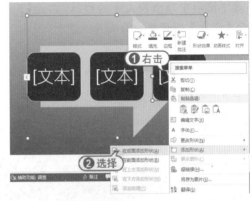

图 7-66

05 此时添加一个形状，应用同样的方法，继续添加几个形状，如图 7-67 所示。

06 在每个形状的文本框中输入文本，如图 7-68 所示。

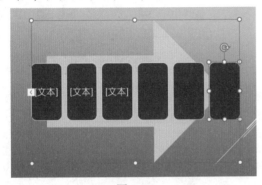

图 7-67

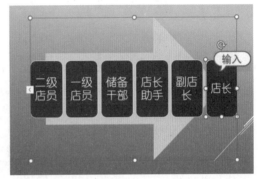

图 7-68

07 选中整个 SmartArt 图形，打开【SmartArt 工具】的【SmartArt 设计】选项卡，在【SmartArt 样式】组中单击【更改颜色】下拉按钮，从弹出的下拉列表中选择一个选项，如图 7-69 所示。

08 此时显示更改颜色后的图形效果，如图 7-70 所示。

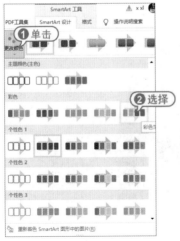

图 7-69

图 7-70

09 选中图形中每个带文字的形状，打开【SmartArt 工具】的【格式】选项卡，在【大小】组的【高度】和【宽度】微调框中分别输入"5.3 厘米"和"2 厘米"，调节形状的高度和宽度，如图 7-71 所示。

10 选中【店长】形状，在【格式】选项卡的【形状】组中单击【更改形状】按钮，选择【圆形】选项以更改形状，最后添加一个文本框并输入文本，效果如图 7-72 所示。

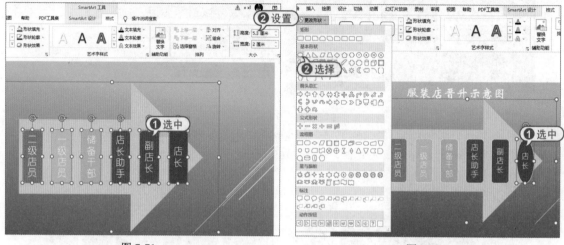

图 7-71　　　　　　　　　　　　　　　　图 7-72

7.3.3　插入音频

在 PowerPoint 2019 中可以方便地插入音频和视频等多媒体对象，使用户的演示文稿从画面到声音，多方位地向观众传递信息。

01 选择第 3 张幻灯片，插入 4 张图片，设置图片的大小及样式，如图 7-73 所示。

02 打开【插入】选项卡，在【媒体】组中单击【音频】下拉按钮，在弹出的下拉菜单中选择【PC 上的音频】命令，如图 7-74 所示。

图 7-73　　　　　　　　　　　　　图 7-74

03 打开【插入音频】对话框，从该对话框中选择需要插入的声音文件，单击【插入】按钮，如图 7-75 所示。

04 此时将出现声音图标及播放控制条，单击【播放】按钮 ▶，即可试听声音，如图 7-76 所示。

图 7-75

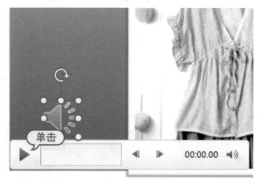

图 7-76

05 打开【音频工具】的【播放】选项卡，在【音频选项】组中选中【跨幻灯片播放】【循环播放，直到停止】【放映时隐藏】复选框，设置音频的播放效果，如图 7-77 所示。

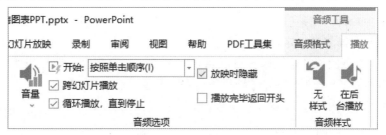

图 7-77

💡 **提示**

插入视频的操作和插入音频的操作类似，打开【插入】选项卡，在【媒体】组中单击【视频】下拉按钮，在弹出的下拉菜单中选择【联机视频】或【PC 上的视频】命令，在打开的对话框中选择在线视频或本机视频，插入幻灯片中。

7.4　高手技巧

技巧 1：在幻灯片中插入图表

插入图表的方法与插入图片的方法类似，都在【插入】选项卡中进行操作。

首先打开【插入】选项卡，在【插图】组中单击【图表】按钮，打开【插入图表】对话框，选择一个图表类型选项，单击【确定】按钮，如图 7-78 所示。

此时打开 Excel 2019 应用程序，在其工作界面中修改类别值和系列值，此时图表将添加到幻灯片中，如图 7-79 所示。

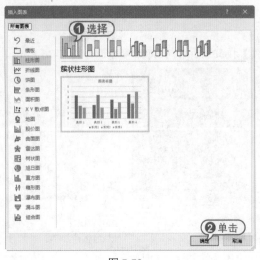

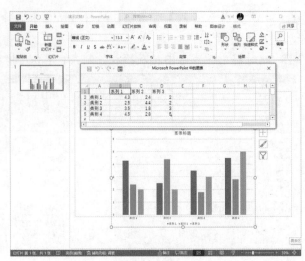

图 7-78　　　　　　　　　　　　图 7-79

技巧 2：添加项目符号和编号

在演示文稿中，为了使某些内容更为醒目，经常要用到项目符号和编号。

要添加项目符号，将光标定位在目标段落中，在【开始】选项卡的【段落】组中单击【项目符号】按钮 ≔ 右侧的下拉箭头，打开项目符号列表，在该列表中选择需要使用的项目符号即可，如图 7-80 所示。选择列表中的【项目符合和编号】命令，打开【项目符号和编号】对话框，在【项目符号】选项卡中可以设置项目符号样式，在【编号】选项卡中可以设置编号样式，如图 7-81 所示。

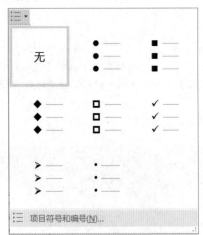

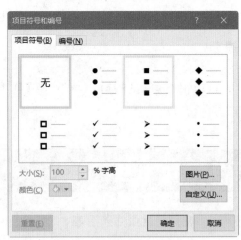

图 7-80　　　　　　　　　　　　图 7-81

第8章

幻灯片的动画设计与放映

本章导读

在使用幻灯片对产品进行展示时，为使幻灯片内容更具吸引力和显示效果更加丰富，常常需要添加各种动画效果。本章以设置"公司简介宣传稿"演示文稿等为例，介绍在幻灯片中设置、放映、发布动画等相关内容。

8.1 设置"公司简介宣传稿"动画

当公司需要向内部员工或者外部人员讲解企业文化和成果时，需要制作"公司简介宣传稿"做展示之用。为了增强展示效果，通常要为幻灯片设置动画切换效果及内容动画效果。

8.1.1 设置切换动画效果

幻灯片切换动画效果是指一张幻灯片如何从屏幕上消失，以及另一张幻灯片如何显示在屏幕上的方式。在 PowerPoint 中，可以为一组幻灯片设置同一种切换方式，也可以为每张幻灯片设置不同的切换方式。

1. 添加切换效果

本例将对不同的幻灯片应用不同的切换动画效果。

01 启动 PowerPoint 2019，打开"公司简介宣传稿"演示文稿，选择第 1 张幻灯片，单击【切换】选项卡的【切换到此幻灯片】组中的▽按钮，在弹出的切换动画下拉菜单中，选择【华丽】效果组中的【门】动画，如图 8-1 所示。

02 单击【切换】选项卡【预览】组中的【预览】按钮，将会播放该幻灯片的切换效果，如图 8-2 所示。

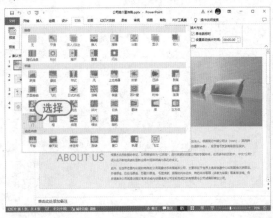

图 8-1

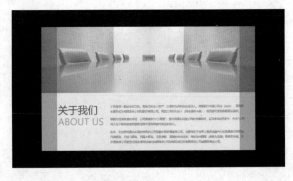

图 8-2

03 选中第 2 张幻灯片，选择【淡入 / 淡出】动画，如图 8-3 所示。

04 选中第 3 张幻灯片，选择【库】动画，如图 8-4 所示。

05 选中第 4 张幻灯片，选择【旋转】动画，如图 8-5 所示。

06 单击【切换】选项卡的【预览】组中的【预览】按钮，播放几张幻灯片的切换动画效果，如图 8-6 所示。

图 8-3

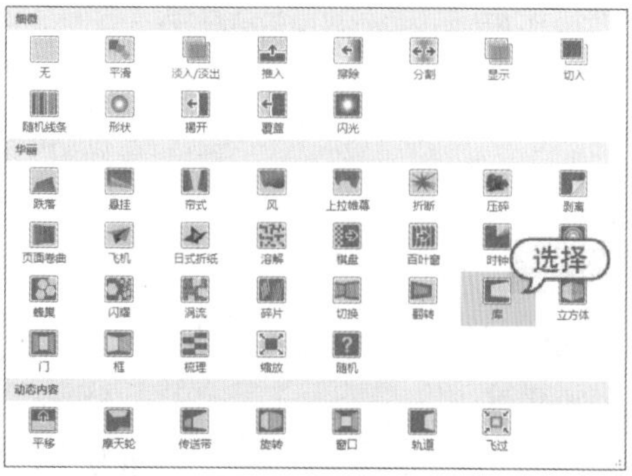

图 8-5

图 8-4

图 8-6

2. 设置切换效果

添加切换动画后，还可以对切换动画进行设置，如设置切换动画的声音效果、持续时间和换片方式等，从而使幻灯片的切换效果更为逼真。

01 选择【切换】选项卡，在【计时】组中单击【声音】下拉按钮，从弹出的下拉菜单中选择【风铃】选项，如图 8-7 所示。

02 在【计时】组中将【持续时间】设置为"01.50"，并选中【单击鼠标时】复选框，如图 8-8 所示。

图 8-7

图 8-8

8.1.2　设置对象动画效果

用户可以对幻灯片中的文字、图形、表格等对象添加不同的动画效果，如进入动画、强调动画、退出动画和动作路径动画等。

1. 设置进入动画效果

进入动画用于设置文本或其他对象以多种动画效果进入放映屏幕。在添加该动画效果之前需要先选中对象。

01 选中第1张幻灯片中的图片，在【动画】选项卡中选择【浮入】选项，为图片对象设置一个【浮入】效果的进入动画，如图8-9所示。

02 选中幻灯片左下方的"关于我们"文本框，在【动画】选项卡的【高级动画】组中单击【添加动画】下拉按钮，在弹出的下拉列表中选择【更多进入效果】选项，如图8-10所示。

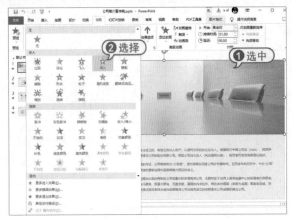

图 8-9

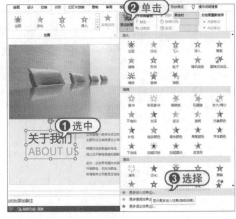

图 8-10

03 打开【添加进入效果】对话框，选择【挥鞭式】选项后，单击【确定】按钮，如图8-11所示。

04 选中幻灯片右下角的文本框，在【动画】选项卡的【动画】组中选择【浮入】选项，单击【效果选项】下拉按钮，在弹出的下拉列表中选择【上浮】选项，如图8-12所示。

图 8-11

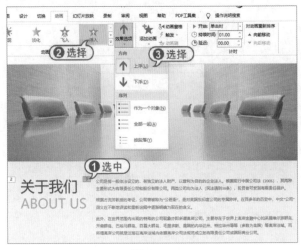

图 8-12

2. 设置强调动画效果

强调动画是为了突出幻灯片中的某部分内容而设置的特殊动画效果，添加强调动画的过程和添加进入效果的过程基本相同。

01 选中第 2 张幻灯片中间的圆形，在【动画】组中选中【强调】|【陀螺旋】选项，为图片对象设置强调动画，如图 8-13 所示。

02 按住 Ctrl 键并选中幻灯片中的 6 个图标，在【动画】选项卡中单击【添加动画】下拉按钮，从弹出的下拉列表中选择【更多强调效果】选项，如图 8-14 所示。

图 8-13

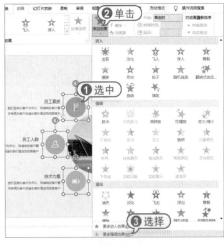

图 8-14

03 打开【添加强调效果】对话框，选择【脉冲】选项后，单击【确定】按钮，如图 8-15 所示。

04 在【动画】选项卡的【高级动画】组中单击【动画窗格】按钮，打开动画窗格，显示 6 个图标的动画效果，如图 8-16 所示。

图 8-15

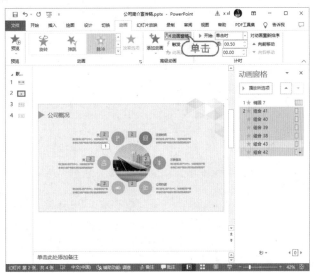

图 8-16

3. 设置退出动画效果

退出动画用于设置幻灯片中的对象退出屏幕的效果。添加退出动画效果的过程和添加进入、强调动画效果的过程基本相同。

01 选中第 4 张幻灯片右侧的两个文本框，在【动画】组中选择【退出】|【擦除】选项，为图片对象设置退出动画，如图 8-17 所示。

02 在【动画】选项卡的【动画】组中单击【效果选项】下拉按钮，在弹出的下拉列表中选择【自顶部】选项，如图 8-18 所示。

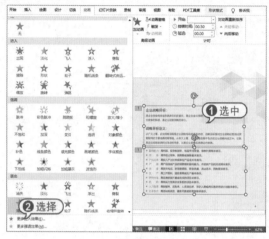

图 8-17

图 8-18

4. 设置动作路径动画效果

动作路径动画可以指定文本等对象沿着预定的路径运动。PowerPoint 2019 中的动作路径不仅提供了大量预设路径效果，还可以由用户自定义路径动画。

01 选中第 4 张幻灯片左上角的飞镖图形，单击【添加动画】下拉按钮，在弹出的下拉列表中选择【动作路径】|【直线】选项，如图 8-19 所示。

02 按住鼠标左键拖动路径动画的目标为圆形图形的正中，如图 8-20 所示。

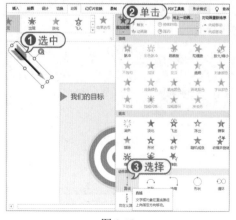

图 8-19

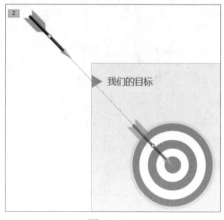

图 8-20

5. 设置其他对象动画效果

接下来需要设置幻灯片更多的对象动画效果，并调整动画之间的顺序，使幻灯片动画连接得更加顺畅。

01 选中第 2 张幻灯片中的 6 个文本框，在【动画】选项卡的【动画】组中选择【进入】|【飞入】动画效果，如图 8-21 所示。

02 按住 Ctrl 键并选中幻灯片左侧的 3 个文本框，在【动画】选项卡的【动画】组中单击【效果选项】下拉按钮，在弹出的下拉列表中选择【自左侧】选项，如图 8-22 所示。

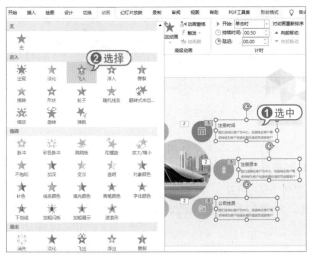

图 8-21　　　　　　　　　　　　　　　　图 8-22

03 按住 Ctrl 键并选中幻灯片右侧的 3 个文本框，在【动画】选项卡的【动画】组中单击【效果选项】下拉按钮，在弹出的下拉列表中选择【自右侧】选项，如图 8-23 所示。

04 选中第 3 张幻灯片，然后选中幻灯片中的 3 个圆形图形，在【动画】选项卡的【动画】组中选择【进入】|【缩放】动画效果，如图 8-24 所示。

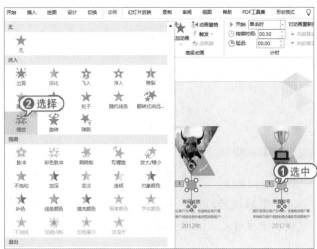

图 8-23　　　　　　　　　　　　　　　　图 8-24

05 按住 Ctrl 键并选中幻灯片中的图片和文本框，在【动画】组中选择【进入】|【浮入】动画效果，如图 8-25 所示。

06 按住 Ctrl 键并选中幻灯片中的 3 个三角形图形，在【动画】组中选择【强调】|【脉冲】动画效果，如图 8-26 所示。

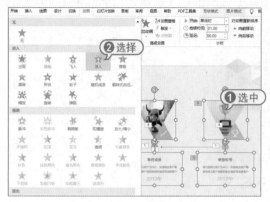
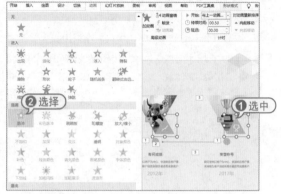

图 8-25   图 8-26

07 选中幻灯片中的直线形状，单击【添加动画】下拉按钮，从弹出的下拉列表中选择【退出】|【擦除】选项，为图形添加动画效果，如图 8-27 所示。

08 动画的顺序可以根据需要进行调整。打开动画窗格，选择第 4 个动画组，选中并拖曳到第 1 个动画组后，如图 8-28 所示。

图 8-27   图 8-28

09 动画向前移动后，由原来的第 4 组动画变为了第 2 组动画，如图 8-29 所示。

10 完成以上设置后，按 F5 键放映幻灯片，即可观看动画的播放效果，如图 8-30 所示。

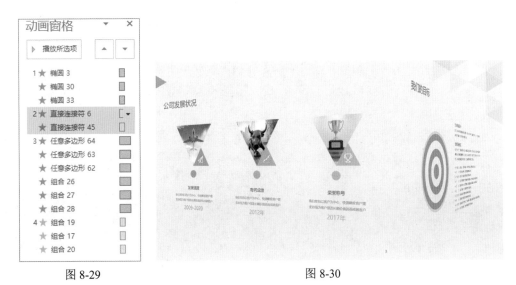

图 8-29　　　　　　　　　　　　　图 8-30

8.1.3　设置动画选项

PowerPoint 2019 具备动画效果高级设置功能，如设置动画计时选项以及动画触发器功能等。

1. 在动画窗格中设置

在动画窗格中可以查看和设置动画的顺序、计时等选项，还可以将多个动画合并。

01 选择第 2 张幻灯片，打开【动画】选项卡，在【高级动画】组中单击【动画窗格】按钮，打开动画窗格，选中第 2 组动画并右击，选择弹出菜单中的【从上一项开始】命令，如图 8-31 所示。这表示第 2 组动画将在第 1 组动画播放时一起播放，无须单击鼠标。

02 此时两组动画合并为一组动画，如图 8-32 所示。

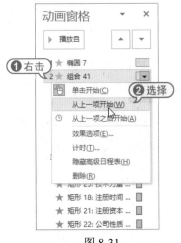

图 8-31　　　　　　　　　　　　　图 8-32

03 在动画窗格中选中第 1 组动画，右击，从弹出的快捷菜单中选择【计时】命令，如图 8-33 所示。

04 打开【陀螺旋】对话框的【计时】选项卡，在【期间】下拉列表中选择【中速(2 秒)】选项，在【重复】下拉列表中选择【直到下一次单击】选项，然后单击【确定】按钮，如图 8-34 所示。

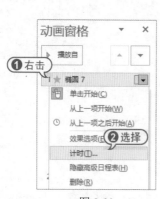

图 8-33

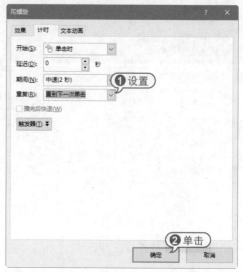

图 8-34

 提示

此外，在【动画】选项卡的【计时】组中也可以设置动画排序、动画计时等选项。

2. 设置动画触发器

在放映幻灯片时，使用触发器功能，可以在单击幻灯片中的对象时显示动画效果。

01 选中第 4 张幻灯片，在【插入】选项卡中单击【形状】按钮，在弹出的菜单中选择【矩形：圆角】形状，如图 8-35 所示。

02 在幻灯片中绘制矩形按钮，添加文字"点击"，设置形状样式和字体格式，如图 8-36 所示。

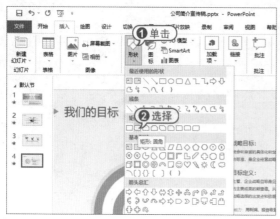

图 8-35

图 8-36

03 选择要触发的对象，如选中动画窗格中的第 2 组动画，然后在【动画】选项卡的【高级动画】组中单击【触发】按钮，从弹出的菜单中选择【通过单击】|【矩形：圆角 2】选项，如图 8-37 所示。

04 按 Shift+F5 组合键，进入幻灯片放映状态，单击【点击】按钮，即可播放箭头中靶的动画，如图 8-38 所示。

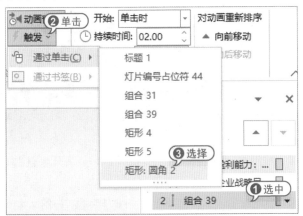

图 8-37

图 8-38

8.2　"购物指南 PPT"交互应用

在 PowerPoint 中，可以为幻灯片中的文本、图像等对象添加超链接或者动作按钮。当放映幻灯片时，单击添加了超链接的文本或动作按钮，程序将自动跳转到指定的页面，或者执行指定的程序。演示文稿不再是从头到尾播放的模式，而是具有了一定的交互性，能够按照预先设定的方式进行播放。

8.2.1　创建超链接

在 PowerPoint 中，超链接可以跳转到当前演示文稿中的特定幻灯片、其他演示文稿中特定的幻灯片、自定义放映、电子邮件地址、文件或 Web 页上。例如在"购物指南 PPT"演示文稿上添加超链接后，直接单击某个超链接即可跳转到相应内容的幻灯片页面。

01 启动 PowerPoint 2019，打开"购物指南 PPT"演示文稿，选中第 2 张幻灯片，右击文本框中的第 1 行文字，在弹出的快捷菜单中选择【超链接】命令，如图 8-39 所示。

02 打开【插入超链接】对话框，在【链接到】列表框中单击【本文档中的位置】按钮，在【请选择文档中的位置】列表框中选择需要链接到的第 3 张幻灯片，单击【确定】按钮，如图 8-40 所示。

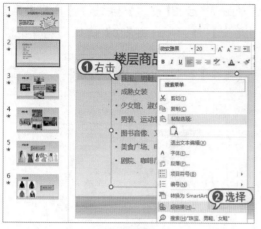

图 8-39

图 8-40

03 此时该文字变为绿色且下方出现横线，如图 8-41 所示。放映幻灯片时，如果单击该超链接，演示文稿将自动跳转到第 3 张幻灯片。

04 按照同样的方法，设置第 2 行文字链接到第 4 张幻灯片，单击【确定】按钮，如图 8-42 所示。

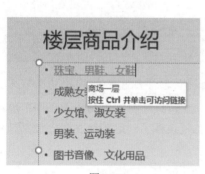

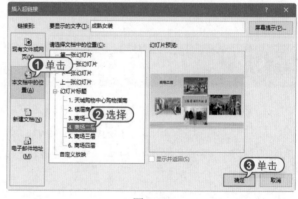

图 8-41

图 8-42

05 按照同样的方法，设置第 3 行文字链接到第 5 张幻灯片，单击【确定】按钮，如图 8-43 所示。

06 按照同样的方法，设置第 4 行文字链接到第 6 张幻灯片，单击【确定】按钮，如图 8-44 所示。

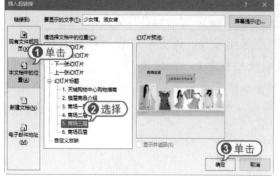

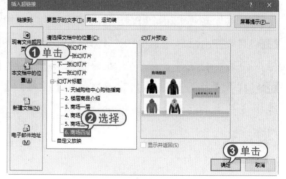

图 8-43

图 8-44

07 完成链接设置后，按 F5 键进入幻灯片放映状态，在放映该页时，将鼠标放到设置了超链接的文本上，鼠标会变成手指形状，如图 8-45 所示。

08 单击该链接就会切换到相应的幻灯片页面，如图 8-46 所示。

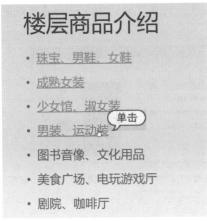

图 8-45

图 8-46

8.2.2　更改超链接样式

演示文稿中的超链接外观样式是由当前所选的主题样式决定的，如果用户希望单独更改演示文稿中的超链接外观样式，可以通过新建主题颜色来实现。

在"购物指南 PPT"演示文稿中默认的超链接颜色为"绿色"，已访问的超链接颜色为"褐色"，如果希望将超链接颜色更改为"红色"，已访问的超链接颜色更改为"浅绿色"，可以通过新建主题颜色来实现。

01 选择第 2 张幻灯片，查看现在的超链接和已访问的超链接的外观样式，如图 8-47 所示。

02 切换至【设计】选项卡，在【变体】组中单击【其他】按钮，然后选择【颜色】|【自定义颜色】选项，如图 8-48 所示。

图 8-47

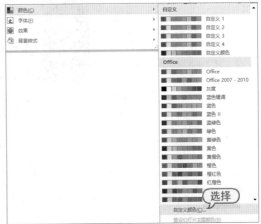

图 8-48

03 打开【新建主题颜色】对话框，在【主题颜色】选项组中显示了当前主题的文字／背景等颜色配色方案，单击【超链接】颜色右侧的下三角按钮，在展开的颜色列表框中选择【红色】，如图 8-49 所示。

04 单击【已访问的超链接】颜色右侧的下三角按钮，在展开的颜色列表框中选择【浅绿】，如图 8-50 所示。

图 8-49 图 8-50

05 返回【新建主题颜色】对话框，单击【保存】按钮，如图 8-51 所示。

06 返回幻灯片中，可以看到当前主题的超链接和已访问的超链接外观样式已更改为自定义的颜色样式，如图 8-52 所示。

图 8-51

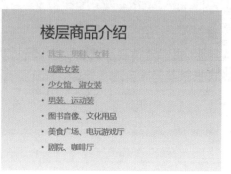

图 8-52

8.2.3　制作动作按钮

在 PowerPoint 2019 中除了使用超链接外，还可以使用动作按钮来创建幻灯片的交互式操作。使用动作按钮既可以控制幻灯片的放映过程，也可以实现超链接功能，如激活另一个程序，播放音频或视频，快速跳转到其他幻灯片、文件或网页等。

01 选择第 2 张幻灯片，选择【插入】选项卡，在【插图】组中单击【形状】按钮，在弹出的下拉列表中选择【动作按钮：空白】，如图 8-53 所示。

02 在幻灯片中绘制按钮，自动打开【操作设置】对话框，选中【超链接到】单选按钮，单击下面的下拉按钮，在弹出的下拉列表中选择【幻灯片】选项，如图 8-54 所示。

图 8-53

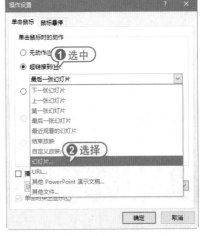

图 8-54

03 打开【超链接到幻灯片】对话框，选择最后一张幻灯片，单击【确定】按钮，如图 8-55 所示。

04 返回【操作设置】对话框，单击【确定】按钮，右击自定义的动作按钮，在弹出的快捷菜单中选择【编辑文字】命令，如图 8-56 所示。

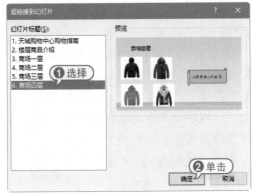

图 8-55

图 8-56

05 在按钮上输入文本"末尾",调整文字格式及按钮大小,如图 8-57 所示。

06 放映幻灯片时,单击右侧的文字按钮,则跳转到最后一张幻灯片,如图 8-58 所示。

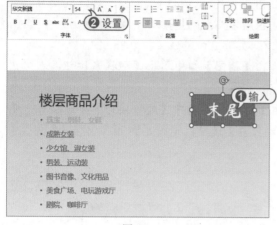

图 8-57   图 8-58

 提示

在设置超链接或动作按钮时,如果用户希望为鼠标动作添加相应的声音提示,可以选择添加超链接或动作的对象,打开【操作设置】对话框,在【单击鼠标】或【鼠标悬停】选项卡中选中【播放声音】复选框,然后在其下拉列表中选择适合的提示声音选项,为所选链接文本或动作对象添加声音提示。

8.3 放映"教学课件 PPT"

在 PowerPoint 2019 中,用户可以选择最为理想的放映速度与放映方式,使幻灯片的放映过程更加清晰、明确。

8.3.1 设置放映方式和类型

幻灯片放映前,用户可以根据需要设置幻灯片放映的方式和类型。

1. 设置幻灯片放映方式

幻灯片的放映方式主要有定时放映、连续放映、循环放映、自定义放映等。

01 定时放映即设置每张幻灯片在放映时停留的时间,当等待到设定的时间后,幻灯片将自动向下放映。打开【切换】选项卡,在【计时】组中选中【单击鼠标时】复选框,如图 8-59 所示,则用户单击鼠标或按 Enter 键和空格键时,放映的演示文稿将切换到下一张幻灯片。

02 在【切换】选项卡的【计时】组中选中【设置自动换片时间】复选框,并为当前选定的幻灯片设置自动切换时间,如图 8-60 所示,再单击【应用到全部】按钮,为演示文稿中的每张幻灯片设定相同的切换时间,即可实现幻灯片的连续自动放映。

图 8-59　　　　　　　　　　　　　　　图 8-60

03 打开【幻灯片放映】选项卡，在【设置】组中单击【设置幻灯片放映】按钮，打开【设置放映方式】对话框。在该对话框的【放映选项】选项区域中选中【循环放映，按 Esc 键终止】复选框，单击【确定】按钮，如图 8-61 所示，则在播放完最后一张幻灯片后，会自动跳转到第 1 张幻灯片，而不是结束放映，直到按 Esc 键退出放映状态为止。

04 在【幻灯片放映】选项卡中，单击【开始放映幻灯片】组中的【自定义幻灯片放映】按钮，在弹出的菜单中选择【自定义放映】命令，如图 8-62 所示。

图 8-61　　　　　　　　　　　　　　　图 8-62

05 打开【自定义放映】对话框，单击【新建】按钮，打开【定义自定义放映】对话框，在【幻灯片放映名称】文本框中输入文字"课件自定义放映"，在【在演示文稿中的幻灯片】列表中选择第 2 张和第 3 张幻灯片，然后单击【添加】按钮，将两张幻灯片添加到【在自定义放映中的幻灯片】列表中，单击【确定】按钮，如图 8-63 所示。

06 返回【自定义放映】对话框，在【自定义放映】列表中显示创建的放映，单击【关闭】按钮，如图 8-64 所示。

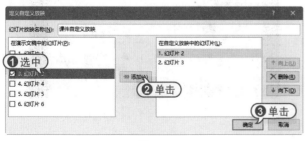

图 8-63　　　　　　　　　　　　　　　图 8-64

07 在【幻灯片放映】选项卡的【设置】组中单击【设置幻灯片放映】按钮,打开【设置放映方式】对话框,在【放映幻灯片】选项区域中选中【自定义放映】单选按钮,然后在其下方的下拉列表中选择需要放映的自定义放映,单击【确定】按钮,如图 8-65 所示。

08 此时按 F5 键,将自动播放幻灯片,放映效果如图 8-66 所示。

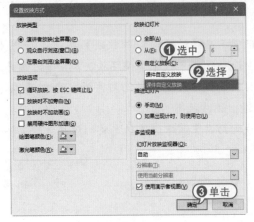

图 8-65

图 8-66

2. 设置幻灯片放映类型

在【设置放映方式】对话框的【放映类型】选项区域中可以设置幻灯片的放映类型。

01 打开【幻灯片放映】选项卡,在【设置】组中单击【设置幻灯片放映】按钮,打开【设置放映方式】对话框。在该对话框的【放映类型】选项区域中选中【演讲者放映 (全屏幕)】单选按钮,然后单击【确定】按钮,即可使用该类型,如图 8-67 所示。该类型是系统默认的放映类型,也是最常见的全屏放映方式。在这种放映方式下,将以全屏幕放映演示文稿,演讲者现场控制演示节奏,具有放映的完全控制权。演讲者可以根据观众的反应随时调整放映速度或节奏,还可以暂停下来进行讨论或记录观众即席反应。这种放映类型一般用于召开会议时的大屏幕放映、联机会议或网络广播等,效果如图 8-68 所示。

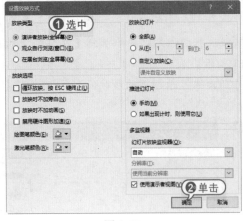

图 8-67

图 8-68

02 在【放映类型】选项区域中选中【观众自行浏览 (窗口)】单选按钮,然后单击【确定】按钮,即可使用该放映类型,如图 8-69 所示。观众自行浏览是在标准 Windows 窗口中显示的放映形式,放映时的 PowerPoint 窗口具有菜单栏、Web 工具栏，类似于浏览网页的效果，便于观众自行浏览，如图 8-70 所示。

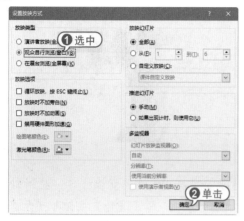

图 8-69

图 8-70

03 在【放映类型】选项区域中选中【在展台浏览 (全屏幕)】单选按钮，然后单击【确定】按钮，即可使用该放映类型，如图 8-71 所示。采用该放映类型，最主要的特点是不需要专人控制就可以自动运行。在使用该放映类型时，如超链接等的控制方法都失效。当播放完最后一张幻灯片后，会自动从第一张幻灯片重新开始播放，直至用户按 Esc 键才会停止播放，如图 8-72 所示。

图 8-71

图 8-72

 提示

　　使用【在展台浏览 (全屏幕)】模式放映演示文稿时，用户不能对其放映过程进行干预，必须设置每张幻灯片的放映时间，或者预先设定演示文稿排练计时，否则可能会长时间停留在某张幻灯片上。

8.3.2　设置排练计时

　　在放映幻灯片之前，演讲者可以运用 PowerPoint 的【排练计时】功能来排练整个演示文稿放映的时间，可对每张幻灯片的放映时间和整个演示文稿的总放映时间了然于胸。当真正放映时，就可以做到从容不迫。

01 打开【幻灯片放映】选项卡，在【设置】组中单击【排练计时】按钮，如图 8-73 所示，此时将进入排练计时状态。

02 在打开的【录制】工具栏中将开始计时，如图 8-74 所示。

图 8-73 　　　　　　　　　　　　　　　　图 8-74

03 若当前幻灯片中的内容显示的时间足够，则可单击鼠标进入下一对象或下一张幻灯片的计时，以此类推。当所有内容完成计时后，将打开提示对话框，单击【是】按钮即可保留排练计时，如图 8-75 所示。

04 从幻灯片浏览视图中可看到每张幻灯片下方均显示各自的排练时间，如图 8-76 所示。

图 8-75

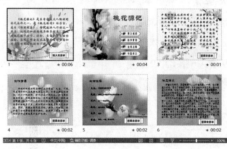

图 8-76

05 当幻灯片被设置了排练计时后，实际情况又需要演讲者手动控制幻灯片，那么就需要取消排练计时设置。选择【幻灯片放映】选项卡，单击【设置】组中的【设置幻灯片放映】按钮，如图 8-77 所示。打开【设置放映方式】对话框，在【推进幻灯片】选项区域中选中【手动】单选按钮，单击【确定】按钮，即可取消排练计时，如图 8-78 所示。

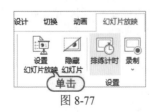

图 8-77

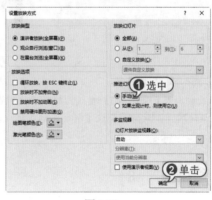

图 8-78

8.3.3　选择开始放映方法

常用的放映方法很多，如从头开始放映、从当前幻灯片开始放映等。

01 从头开始放映是指从演示文稿的第一张幻灯片开始播放演示文稿。在 PowerPoint 2019 中，打开【幻灯片放映】选项卡，在【开始放映幻灯片】组中单击【从头开始】按钮，如图 8-79 所示，或者直接按 F5 键，开始放映演示文稿，此时进入全屏模式的幻灯片放映视图。

02 当需要从指定的某张幻灯片开始放映，则可以使用【从当前幻灯片开始】功能。选择指定的幻灯片，打开【幻灯片放映】选项卡，在【开始放映幻灯片】组中单击【从当前幻灯片开始】按钮，显示从当前幻灯片开始放映的效果。此时进入幻灯片放映视图，幻灯片以全屏幕方式从当前幻灯片开始放映。

图 8-79

8.3.4　使用激光笔

在幻灯片放映视图中，演讲者可以将鼠标指针变为激光笔样式，以将观看者的注意力吸引到幻灯片上的某个重点内容或特别要强调的内容位置。

01 将演示文稿切换至幻灯片放映视图状态，按 Ctrl 键的同时单击鼠标左键，此时鼠标指针变成激光笔样式，移动鼠标指针，将其指向观众需要注意的内容上，如图 8-80 所示。

02 激光笔默认颜色为红色，可以更改其颜色，打开【设置放映方式】对话框，在【激光笔颜色】下拉列表中选择颜色即可，如图 8-81 所示。

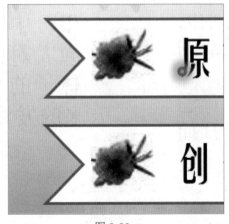

图 8-80

图 8-81

8.3.5 添加标记

若想在放映幻灯片时为重要位置添加标记以突出强调重要内容，那么此时可以利用 PowerPoint 提供的笔或荧光笔来实现。其中笔主要用来圈点幻灯片中的重点内容，有时还可以进行简单的写字操作；荧光笔主要用来突出显示重点内容。

01 在放映的幻灯片上单击鼠标右键，然后在弹出的快捷菜单中选择【指针选项】|【笔】命令，如图 8-82 所示。

02 此时在幻灯片中将显示一个小红点，按住鼠标左键不放并拖动鼠标即可为幻灯片中的重点内容添加标记，如图 8-83 所示。

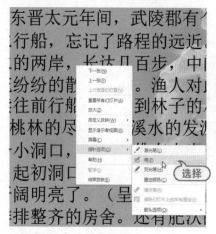

图 8-82

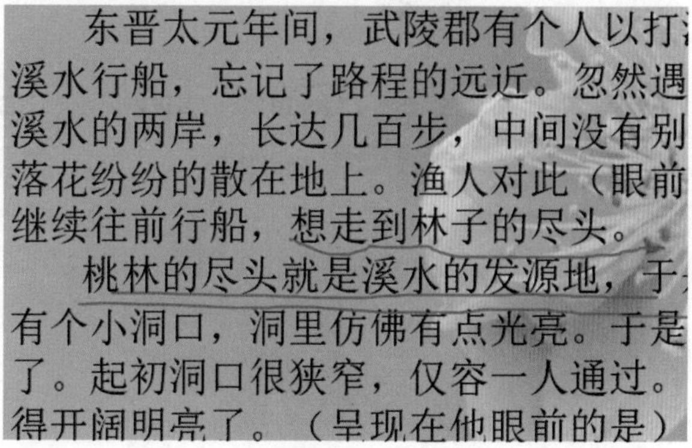

东晋太元年间，武陵郡有个人以打溪水行船，忘记了路程的远近。忽然遇溪水的两岸，长达几百步，中间没有别落花纷纷的散在地上。渔人对此（眼前继续往前行船，想走到林子的尽头。桃林的尽头就是溪水的发源地，于是有个小洞口，洞里仿佛有点光亮。于是了。起初洞口很狭窄，仅容一人通过。得开阔明亮了。（呈现在他眼前的是）

图 8-83

03 在放映视图中右击，从弹出的快捷菜单中选择【指针选项】|【墨迹颜色】命令，然后从弹出的颜色面板中选择【蓝色】色块，即可用蓝色笔标记，如图 8-84 所示。

04 荧光笔的使用方法与笔相似，也是在放映的幻灯片上单击鼠标右键，然后在弹出的快捷菜单中选择【指针选项】|【荧光笔】命令，如图 8-85 所示。

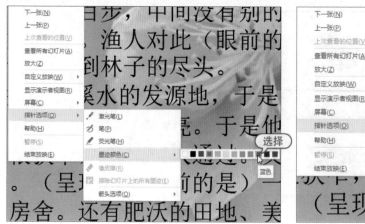

图 8-84

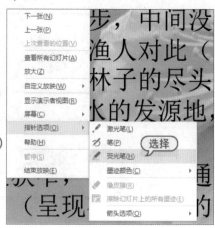

图 8-85

05 此时幻灯片中将显示一个黄色的小方块，按住鼠标左键不放并拖动鼠标即可为幻灯片中的重点内容添加标记，如图 8-86 所示。

06 在放映视图中右击，从弹出的快捷菜单中选择【指针选项】|【墨迹颜色】命令，然后从弹出的颜色面板中选择【绿色】色块，改变荧光笔颜色，如图 8-87 所示。

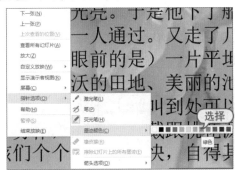

图 8-86　　　　　　　　　　　图 8-87

07 当幻灯片播放完毕后，单击鼠标左键退出放映状态时，系统将弹出对话框询问用户是否保留在放映时所做的墨迹注释，单击【保留】按钮，如图 8-88 所示。

08 此时将绘制的标记保留在幻灯片中，效果如图 8-89 所示。

图 8-88　　　　　　　　　　　图 8-89

8.4　发布"教学课件 PPT"

演示文稿制作完成后，还可以将它们转换为其他格式的文件进行打包或发布，如图片文件、视频文件、PDF 文档等，可以满足用户多用途的需要。

8.4.1　打包演示文稿

通过打包演示文稿，可以创建演示文稿的 CD 或是打包文件夹，然后在另一台计算机上进行幻灯片的放映。导出演示文稿是指将演示文稿转换为其他格式的文件以满足用户其他用途的需要。

01 启动 PowerPoint 2019，打开"教学课件 PPT"演示文稿，单击【文件】按钮，在弹出的界面中选择【导出】命令，在右侧中间窗格的【导出】选项区域中选择【将演示文稿打包成 CD】选项，并在右侧的窗格中单击【打包成 CD】按钮，如图 8-90 所示。

02 打开【打包成 CD】对话框，在【将 CD 命名为】文本框中输入"课件 CD"，然后单击【复制到文件夹】按钮，如图 8-91 所示。

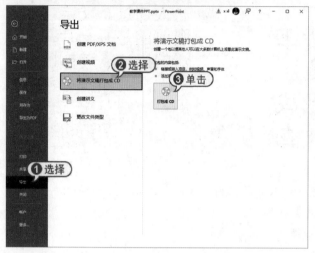

图 8-90

图 8-91

03 打开【复制到文件夹】对话框，在【位置】文本框右侧单击【浏览】按钮，如图 8-92 所示。

04 打开【选择位置】对话框，在其中设置文件的保存路径，单击【选择】按钮，如图 8-93 所示。

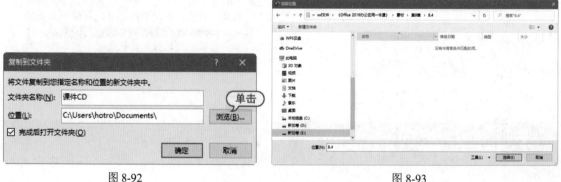

图 8-92   图 8-93

05 此时系统将开始自动复制文件到文件夹，如图 8-94 所示。

06 打包完毕后，将自动打开保存的文件夹"课件 CD"，将显示打包后的所有文件，如图 8-95 所示。

07 返回打开的"教学课件 PPT"演示文稿，在其中单击【打包成 CD】对话框的【关闭】按钮，关闭该对话框。

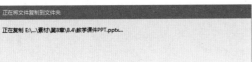

图 8-94

图 8-95

8.4.2 发布多种格式

演示文稿制作完成后，还可以将它们转换为其他格式的文件进行发布。

1. 发布为 PDF/XPS 格式

PDF 和 XPS 格式是两种电子印刷品的格式，这两种格式都方便传输和携带。在 PowerPoint 中，可以将演示文稿导出为 PDF/XPS 文档来发布。

01 打开"教学课件 PPT"演示文稿，单击【文件】按钮，在弹出的界面中选择【导出】命令，选择【创建 PDF/XPS 文档】选项，单击【创建 PDF/XPS】按钮，如图 8-96 所示。

02 打开【发布为 PDF 或 XPS】对话框，设置保存文档的路径，单击【选项】按钮，如图 8-97 所示。

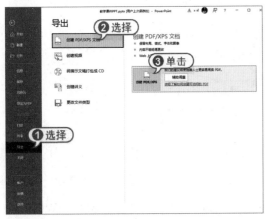

图 8-96

图 8-97

03 打开【选项】对话框，在【发布选项】选项区域中选中【幻灯片加框】复选框，保持其他默认设置，单击【确定】按钮，如图 8-98 所示。

04 返回至【发布为 PDF 或 XPS】对话框，在【保存类型】下拉列表中选择 PDF 选项，单击【发布】按钮，如图 8-99 所示。

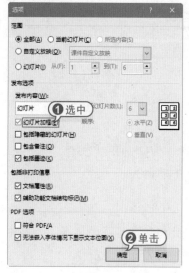

图 8-98

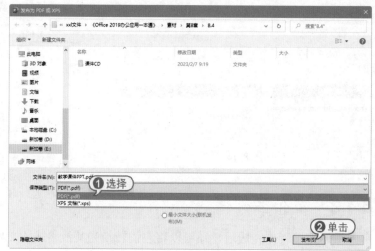

图 8-99

05 发布完成后，自动打开发布为 PDF 格式的文档，如图 8-100 所示。

图 8-100

2. 发布为图形文件

PowerPoint 支持将演示文稿中的幻灯片输出为 GIF、JPG、PNG、TIFF、BMP、WMF 及 EMF 等格式的图形文件。这有利于用户在更大范围内交换或共享演示文稿中的内容。

01 打开"教学课件 PPT"演示文稿，单击【文件】按钮，从弹出的界面中选择【导出】命令，在中间窗格的【导出】选项区域中选择【更改文件类型】选项，在右侧【更改文件类型】窗格的【图片文件类型】选项区域中选择【PNG可移植网络图形格式】选项，单击【另存为】按钮，如图8-101所示。

02 打开【另存为】对话框，设置保存路径和文件名，然后单击【保存】按钮，如图8-102所示。

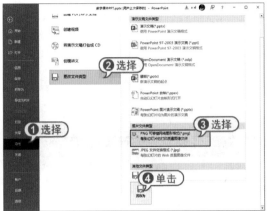

图 8-101   图 8-102

03 此时系统会弹出提示对话框，供用户选择输出为图片文件的幻灯片范围，单击【所有幻灯片】按钮，如图8-103所示。

04 完成输出后，自动弹出提示框，单击【确定】按钮即可，如图8-104所示。

图 8-103   图 8-104

05 在保存位置打开文件夹，显示导出的图片文件，如图8-105所示。

图 8-105

3. 发布为视频文件

使用 PowerPoint 2019 可以将演示文稿转换为视频内容，以供用户通过视频播放器播放该视频文件。

01 打开"教学课件 PPT"演示文稿，单击【文件】按钮，在弹出的界面中选择【导出】命令，选择【创建视频】选项，并在右侧窗格的【创建视频】选项区域中设置显示选项和放映时间，单击【创建视频】按钮，如图 8-106 所示。

02 打开【另存为】对话框，设置视频文件的名称和保存路径，单击【保存】按钮，如图 8-107 所示。

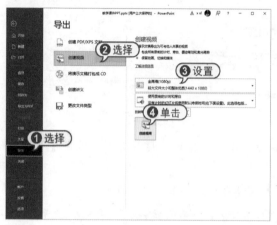

图 8-106

图 8-107

03 此时 PowerPoint 的窗口任务栏中将显示制作视频的进度，如图 8-108 所示。

04 制作完毕后，打开视频存放路径，双击视频文件，即可使用计算机中的视频播放器播放该视频，如图 8-109 所示。

图 8-108

图 8-109

4. 发布为讲义

在 PowerPoint 中创建讲义是指将 PowerPoint 中的幻灯片、备注等内容发送到 Word 中。

01 打开"教学课件 PPT"演示文稿，单击【文件】按钮，在弹出的界面中选择【导出】命令，选择【创建讲义】选项，单击【创建讲义】按钮，如图 8-110 所示。

02 打开【发送到 Microsoft Word】对话框，选中【备注在幻灯片下】和【粘贴】单选按钮，单击【确定】按钮，如图 8-111 所示。

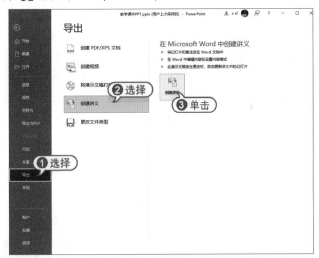

图 8-110　　　　　　　　　　　　　　　　　图 8-111

03 发布成功后，将自动在 Word 中打开发布的内容，效果如图 8-112 所示。

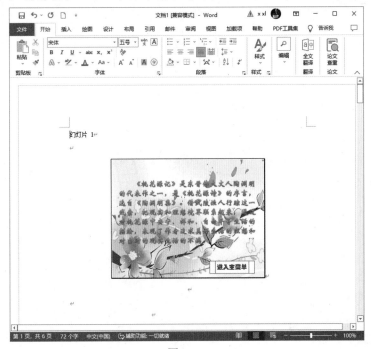

图 8-112

8.5 高手技巧

技巧：使用联机演示功能

联机演示幻灯片利用 Windows Live 账户或组织提供的联机服务，直接向远程观众呈现所制作的幻灯片。用户可以完全控制幻灯片的进度，而观众只需在浏览器中跟随浏览。使用【联机演示】功能时，用户需要先注册一个 Windows Live 账户。

01 打开演示文稿，打开【幻灯片放映】选项卡，在【开始放映幻灯片】组中单击【联机演示】按钮，打开【联机演示】对话框，选中【允许远程查看者下载此演示文稿】复选框，单击【连接】按钮，如图 8-113 所示。

02 联机完成之后，在【联机演示】对话框中显示共享的网络链接，单击【开始演示】按钮即可进入幻灯片放映视图，如图 8-114 所示。

03 放映完毕后，返回演示文稿工作界面，打开【联机演示】选项卡，在【联机演示】组中单击【结束联机演示】按钮，结束放映。

图 8-113　　　　　　　　　　图 8-114

第 9 章
Office 行业办公应用——文秘办公

| 本章导读 |

　　Office 软件在文秘办公方面有着得天独厚的优势，文秘办公中常用的文档操作、统计表格以及会议记录等都可以轻松搞定。

9.1 制作"公司通知"

公司的行政决议往往由文秘起草并制作 Word 文档，以内部通知的形式发放给相关人员。本节将介绍如何使用 Word 文档制作公司通知。

9.1.1 设置通知页面

在制作公司通知前，需要对页面大小等进行设置。

01 启动 Word 2019，新建一个名为"公司通知"的空白文档，如图 9-1 所示。

02 选择【布局】选项卡，单击【页面设置】组中的⛉按钮，打开【页面设置】对话框，设置页边距的【上】和【下】为"2.5 厘米"，【左】和【右】为"3 厘米"，如图 9-2 所示。

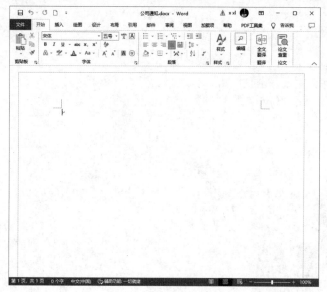

图 9-1

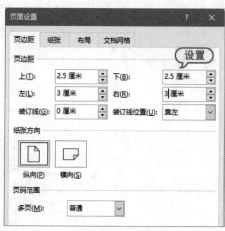

图 9-2

03 选择【纸张】选项卡，设置【纸张大小】为 A4，默认宽度为 21 厘米，默认高度为 29.7 厘米，如图 9-3 所示。

04 选择【文档网格】选项卡，设置【文字排列】的【方向】为水平、【栏数】为 1，如图 9-4 所示，然后单击【确定】按钮。

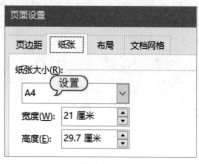

图 9-3

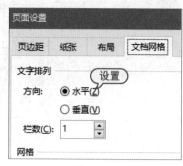

图 9-4

9.1.2 输入文本并设计版式

页面设置完毕后，即可输入文本，撰写公司通知的内容，并设计文本段落的版式，具体的操作步骤如下。

01 首先输入标题文本，如图 9-5 所示。

02 选中文本后，在【开始】选项卡中设置标题【字体】为【宋体】，【字号】为【二号】，加粗并居中，字体颜色为【红色】，如图 9-6 所示。

图 9-5

图 9-6

03 按 Enter 键两次后，继续输入一行文本，设置【字体】为【华文新魏】，【字号】为【三号】，文本居中，如图 9-7 所示。

04 按 Enter 键两次后，继续输入一行文本，设置【字体】为【华文行楷】，【字号】为【小二】，加粗并居中，如图 9-8 所示。

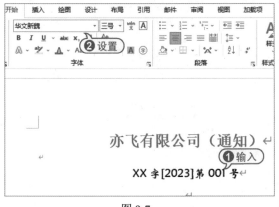

图 9-7

图 9-8

05 按 Enter 键两次后，继续输入一行文本，设置【字体】为【宋体】，【字号】为【三号】，加粗并左对齐，如图 9-9 所示。

06 按 Enter 键一次后，输入正文内容，设置【字体】为【宋体】，【字号】为【小四】，如图 9-10 所示。

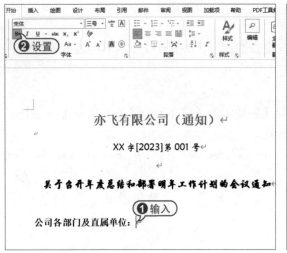

图 9-9

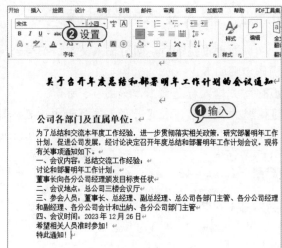

图 9-10

07 选中正文文本，单击【开始】选项卡的【段落】组中的 按钮，如图 9-11 所示。

08 打开【段落】对话框，设置首行缩进为 2 字符，【段前】和【段后】的间距为 1 行，【行距】为单倍行距，如图 9-12 所示。

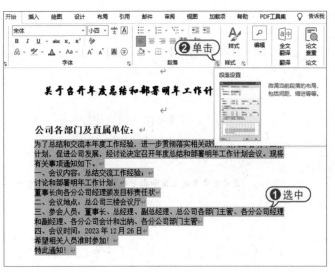

图 9-11   图 9-12

09 在正文后，按 Enter 键两次，输入文本，设置为右对齐，如图 9-13 所示。

10 按 Enter 键两次，输入文本，设置【字体】为【华文新魏】，【字号】为【五号】，并设置至相应位置，如图 9-14 所示。

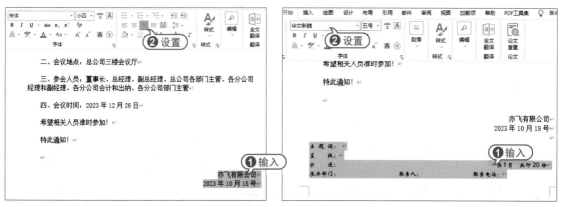

| 图 9-13 | 图 9-14 |

9.1.3　绘制直线形状

在通知中可以绘制一些形状来修饰文档，具体的操作步骤如下。

01 单击【插入】选项卡中的【形状】下拉按钮，选择【直线】选项，如图 9-15 所示。

02 在通知主题上方绘制一条直线形状，如图 9-16 所示。

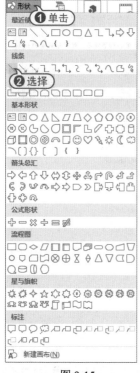

图 9-15

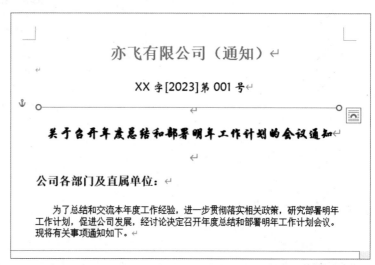

图 9-16

03 选择【形状格式】选项卡，在【形状样式】组中单击▼按钮，在弹出的下拉列表中选择一种形状样式，如图 9-17 所示。

04 使用相同的方法绘制 4 条直线并插入通知下方相应的位置，如图 9-18 所示。

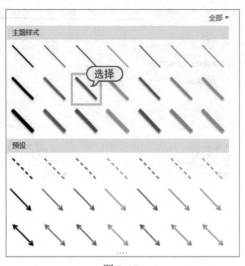

图 9-17

图 9-18

05 选中这 4 条直线，选择一种形状样式，如图 9-19 所示。

06 此时公司通知文档制作完毕，最终效果如图 9-20 所示。

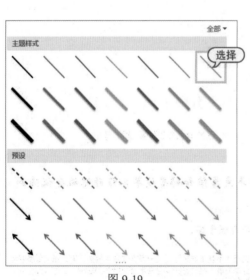

图 9-19

图 9-20

9.2 制作"会议记录表"

会议记录表主要是用 Excel 表格将会议议程完整记录下来的文件，本节将介绍如何创建和设计会议记录表。

9.2.1　制作表格基本内容

创建表格后，首先需要将会议记录表的基本内容输入表格中，以方便后面的设计和美化。

01 启动 Excel 2019，新建一个名为"会议记录表"的空白工作簿，如图 9-21 所示。

02 选中 A1 单元格，输入标题"会议记录表"，如图 9-22 所示。

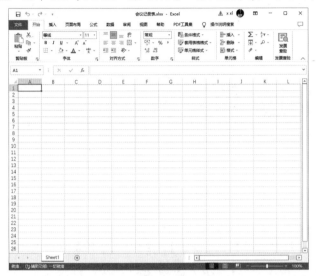

图 9-21

图 9-22

03 在 A2:A7 单元格区域中分别输入"召开时间""会议主题""参会人员""缺席人员""记录人""发言人"文本，如图 9-23 所示。

04 分别选中 E2、E6、B7、F7 单元格，依次输入"召开地点""主持人""内容提要""备注"文本，如图 9-24 所示。

图 9-23

图 9-24

9.2.2　设置字体和对齐方式

基本内容输入完毕后，用户可以对内容的字体和对齐方式进行设置，具体操作步骤如下。

01 选中 A1:F1 单元格区域，在【开始】选项卡的【对齐方式】组中单击 按钮，如图 9-25 所示。

02 打开【设置单元格格式】对话框，选择【对齐】选项卡，设置【水平对齐】和【垂直对齐】为【居中】选项，选中【合并单元格】复选框，单击【确定】按钮，如图 9-26 所示。

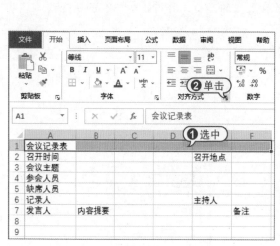

图 9-25

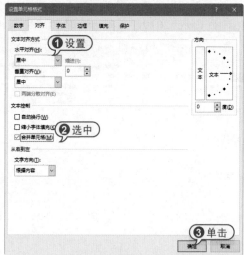

图 9-26

03 切换到【字体】选项卡，在【字体】列表框中选择【华文楷体】，在【字形】列表框中选择【加粗】，在【字号】列表框中选择【18】，单击【确定】按钮，如图 9-27 所示。

04 依次合并 B2:D2、B3:E3、B4:E4、B5:E5、B6:D6、B7:E7、B8:E8 单元格区域，B7:E7 单元格区域选择文本居中对齐，如图 9-28 所示。

图 9-27

图 9-28

05 选中第 6 行，剪切后插入第 2 行下 (变为第 3 行)，如图 9-29 所示。

06 选中 A2:F7 单元格区域，在【开始】选项卡中设置【字体】为【华文新魏】、【字号】为【14】，并设置对齐方式为垂直和水平居中对齐，如图 9-30 所示。

图 9-29

图 9-30

9.2.3　设置表格

表格还需要设置合适的行高和列宽，以及设置相应的填充和边框，使会议记录表看起来更加专业。

01 选择 B8 单元格，拖曳鼠标向下填充至 B9:E22 单元格区域，使该区域样式和 B8 单元格样式一致，如图 9-31 所示。

02 选中 A 列至 F 列，右击弹出快捷菜单，选择【列宽】命令，如图 9-32 所示。

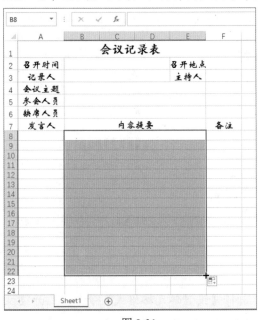

图 9-31

图 9-32

03 打开【列宽】对话框，在【列宽】文本框中输入"10"，单击【确定】按钮，如图 9-33 所示。

04 选中第 8 行至 22 行，右击弹出快捷菜单，选择【行高】命令，如图 9-34 所示。

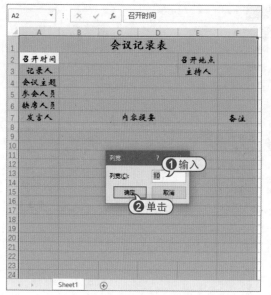

图 9-33

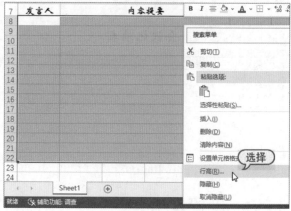

图 9-34

05 打开【行高】对话框，在【行高】文本框中输入"20"，单击【确定】按钮，如图 9-35 所示。

06 选中 A7:F7 单元格区域，在【开始】选项卡中单击【字体】组中的【填充颜色】下拉按钮，在弹出的下拉列表中选择填充颜色，如图 9-36 所示。

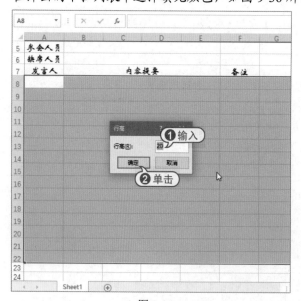

图 9-35

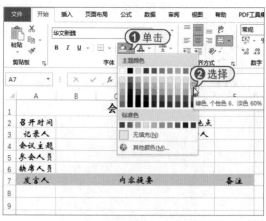

图 9-36

07 选中 A1:F22 单元格区域，右击弹出快捷菜单，选择【设置单元格格式】命令，打开【设置单元格格式】对话框，在【边框】选项卡中设置内外边框的样式和颜色，然后单击【确定】按钮，如图 9-37 所示。

08 最后保存表格文件，会议记录表的最终效果如图 9-38 所示。

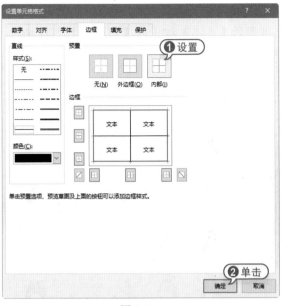

图 9-37

图 9-38

9.3 制作"公司会议 PPT"

制作会议 PPT，首先要确定会议的议程，提出会议的目的或要解决的问题，并对这些问题进行讨论和研究，最后以总结性的内容来结束幻灯片。

9.3.1 设计幻灯片首页页面

设计公司会议 PPT 幻灯片首页页面的具体操作步骤如下。

01 启动 PowerPoint 2019，在【新建】界面中选择一个模板，如图 9-39 所示。

02 在弹出的对话框中选择一种模板颜色选项，单击【创建】按钮，如图 9-40 所示。

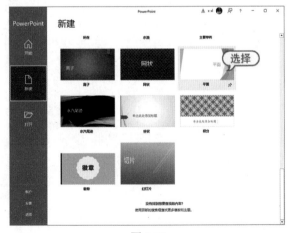

图 9-39

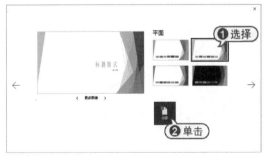

图 9-40

03 此时新建一个演示文稿，以"公司会议 PPT"为名保存，如图 9-41 所示。

04 删除幻灯片中的占位符，单击【插入】选项卡的【文本】组中的【艺术字】下拉按钮，在弹出的下拉列表中选择一种艺术字选项，如图 9-42 所示。

图 9-41

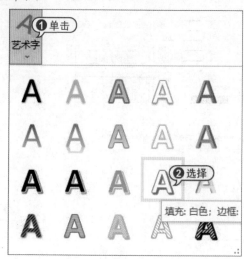

图 9-42

05 在艺术字文本框内输入文本"公司会议"，在【开始】选项卡的【字体】组中设置【字体】为【华文新魏（正文）】、【字号】为【96】，如图 9-43 所示。

06 选中艺术字，在【形状格式】选项卡的【艺术字样式】组中单击【文字效果】下拉按钮，在弹出的下拉列表中选择一种【发光】选项，如图 9-44 所示。设置艺术字效果后，完成首页的制作。

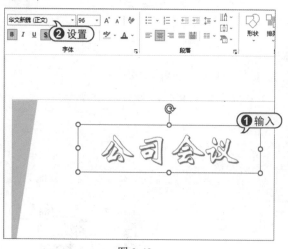

图 9-43

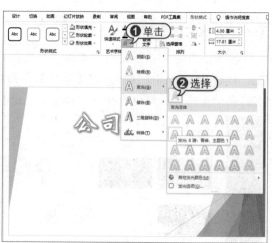

图 9-44

9.3.2 设计幻灯片议程页面

设计公司会议 PPT 幻灯片议程页面的具体操作步骤如下。

01 选择【插入】选项卡，单击【新建幻灯片】下拉按钮，在弹出的下拉列表中选择【标题和内容】选项，如图 9-45 所示。

02 此时插入一张幻灯片，包含标题和内容占位符，如图 9-46 所示。

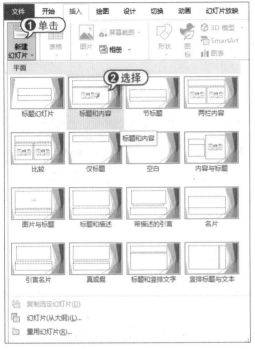

图 9-45

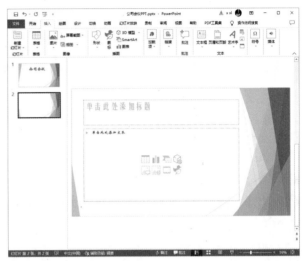

图 9-46

03 在【单击此处添加标题】占位符中输入文本，设置【字体】为【华文行楷】、【字号】为【54】，字体加粗，如图 9-47 所示。

04 在下面的占位符中输入文本，设置【字体】为【幼圆】、【字号】为【24】，然后设置 4 行文字之间的【行距】为【1.5 倍行距】，如图 9-48 所示。

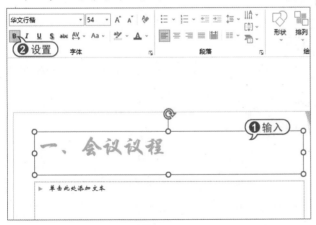

图 9-47

图 9-48

05 保持选中文本的状态，在【开始】选项卡的【段落】组中单击【项目符号】下拉按钮，在弹出的下拉列表中选择【项目符号和编号】命令，如图 9-49 所示。

06 打开【项目符号和编号】对话框，单击【自定义】按钮，如图 9-50 所示。

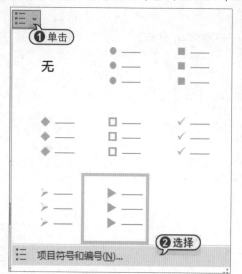

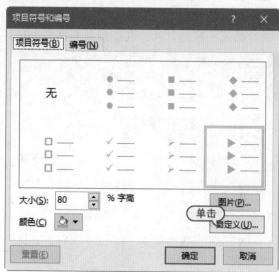

图 9-49 图 9-50

07 打开【符号】对话框，选择一种符号选项，单击【确定】按钮，如图 9-51 所示。

08 返回幻灯片中，可以看到项目符号的效果如图 9-52 所示。

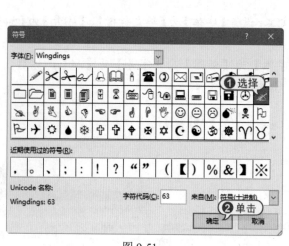

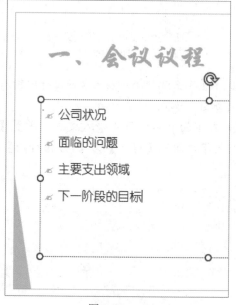

图 9-51 图 9-52

09 选择第 2 张幻灯片，选择【插入】选项卡，在【图像】组中单击【图片】下拉按钮，在弹出的下拉列表中选择【此设备】命令，如图 9-53 所示。

10 打开【插入图片】对话框，选择一个图片文件，单击【插入】按钮，如图 9-54 所示。

图 9-53   图 9-54

11 插入图片后，调整图片的大小和位置，选择【图片格式】选项卡，单击【大小】组中的【裁剪】按钮，调整裁剪内容，如图 9-55 所示。

12 按 Enter 键确认裁剪结果，幻灯片议程页面的效果如图 9-56 所示。

图 9-55   图 9-56

9.3.3 设计幻灯片内容页面

设计公司会议 PPT 幻灯片内容页面的具体操作步骤如下。

01 选择【插入】选项卡，单击【新建幻灯片】下拉按钮，在弹出的下拉列表中选择【标题和内容】选项，如图 9-57 所示。

02 此时插入一张幻灯片，包含标题和内容占位符，如图 9-58 所示。

03 在标题占位符中输入文本，设置【字体】为【华文行楷】、【字号】为【54】，字体加粗，如图 9-59 所示。

04 在下面的占位符中输入文本，设置【字体】为【楷体】、【字号】为【24】，如图 9-60 所示。

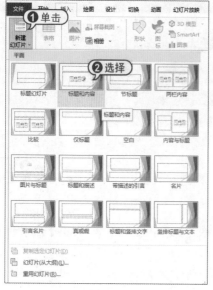

图 9-57

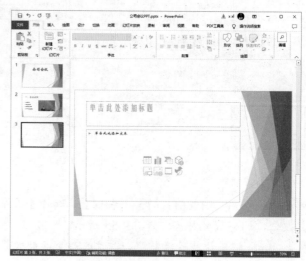

图 9-58

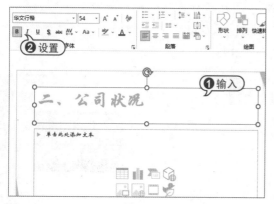

图 9-59

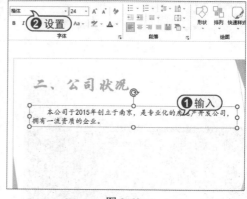

图 9-60

05 单击【插入】选项卡中的【SmartArt】按钮,打开【选择 SmartArt 图形】对话框,选择【层次结构】|【组织结构图】选项,单击【确定】按钮,如图 9-61 所示。

06 完成 SmartArt 图形的插入,调整其位置和大小,如图 9-62 所示。

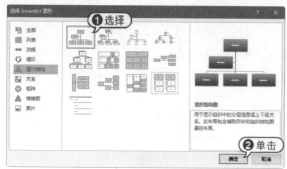

图 9-61

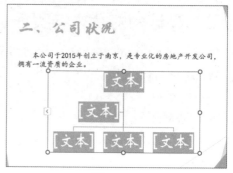

图 9-62

07 删除 SmartArt 图形中的一个形状,然后在形状中输入文本,如图 9-63 所示。

08 在【SmartArt 设计】选项卡中单击【更改颜色】下拉按钮，在弹出的下拉列表中选择一种样式，如图 9-64 所示，此时完成该页幻灯片的设计。

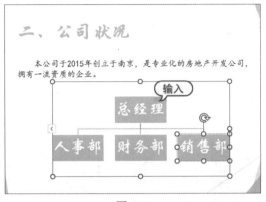

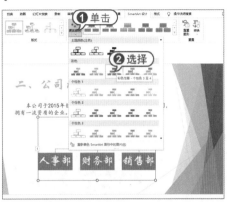

图 9-63　　　　　　　　　　　　　　　　图 9-64

09 新建【标题和内容】主题的幻灯片，输入标题文本并设置字体，如图 9-65 所示。

10 输入正文文本并设置字体，如图 9-66 所示。

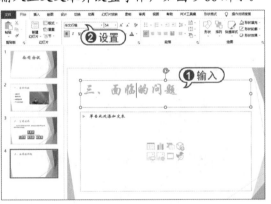

图 9-65　　　　　　　　　　　　　　　　图 9-66

11 选中正文内容，在【开始】选项卡的【段落】组中，单击【编号】下拉按钮，在弹出的下拉列表中选择一种编号样式，如图 9-67 所示。此时完成第 4 张幻灯片的设计。

12 使用相同的方法新建一张幻灯片，输入并设置文本，如图 9-68 所示，完成第 5 张幻灯片的设计。

图 9-67　　　　　　　　　　　　　　　　图 9-68

13 使用相同的方法新建一张幻灯片，输入并设置文本，如图 9-69 所示，完成第 6 张幻灯片的设计。

14 在【开始】选项卡中单击【新建幻灯片】下拉按钮，选择【空白】选项，如图 9-70 所示。

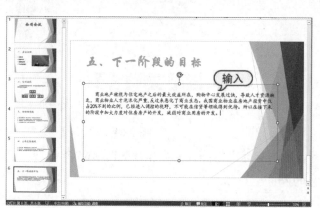
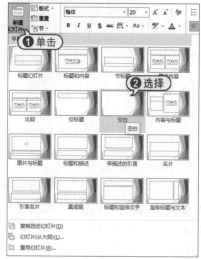

图 9-69   图 9-70

15 新建一张幻灯片，在【插入】选项卡的【文本】组中单击【艺术字】按钮，在弹出的下拉列表中选择一种样式，如图 9-71 所示。

16 在艺术字文本框内输入文本，设置【字体】为【华文新魏（正文）】、【字号】为【72】，如图 9-72 所示。

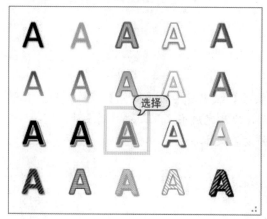

图 9-71   图 9-72

17 选中艺术字，在【形状格式】选项卡的【艺术字样式】组中单击【文字效果】下拉按钮，在弹出的下拉列表中选择一种【映像】选项，如图 9-73 所示。

18 艺术字设置完毕后，完成"公司会议 PPT"的制作，如图 9-74 所示。

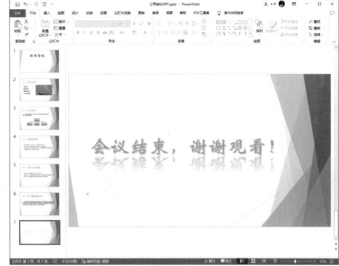

图 9-73　　　　　　　　　　　　　　　　　　图 9-74

9.4　高手技巧

技巧 1：在 Word 中手动绘制表格

通过 Word 2019 的绘制表格功能，可以创建不规则的行列数表格，以及绘制一些带有斜线表头的表格。

打开【插入】选项卡，在【表格】组中单击【表格】按钮，从弹出的菜单中选择【绘制表格】命令，此时鼠标光标变为 形状，按住左键不放并拖动鼠标，会出现一个表格的虚框，待达到合适大小后，释放鼠标即可生成表格的边框，如图 9-75 所示。

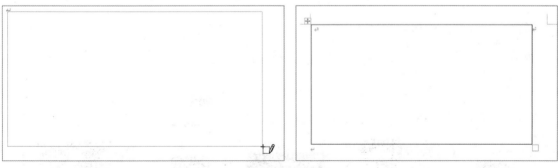

图 9-75

在表格边框的任意位置，单击选择一个起点，按住左键不放并向右 (或向下) 拖动绘制出表格中的横线 (或竖线)，如图 9-76 所示。

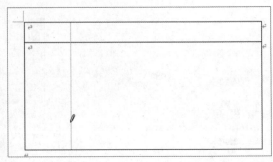

图 9-76

在表格的第 1 个单元格中，单击选择一个起点，按住左键向右下方拖动即可绘制一个斜线表格，如图 9-77 所示。

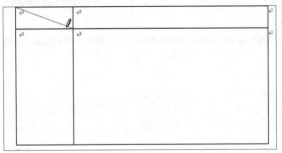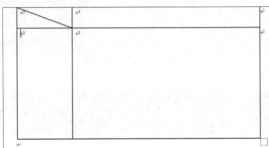

图 9-77

技巧 2：在 PowerPoint 中删除图片背景

PowerPoint 提供了删除图片背景的功能，可以把图片不需要的背景快速删除。插入图片后，单击【图片格式】选项卡的【调整】组中的【删除背景】按钮，如图 9-78 所示。进入【背景消除】状态，单击【标记要保留的区域】按钮后，使用鼠标圈画需要保留的区域，其余背景画面即可删除，如图 9-79 所示。

图 9-78 　　　　　　　　　　 图 9-79

第 10 章
Office 行业办公应用——人事管理

| 本章导读 |

Office 软件在人事管理领域中能起到事半功倍的作用。人事管理是一项复杂烦琐的工作，配合应用 Office 2019 的各组件，可以提高人事管理的效率。

10.1 制作"聘用合同"

企业的人事管理部门可以在遵循劳动法律法规的前提下，根据自身情况，制定合理、合法、有效的聘用合同，以便聘用员工。

10.1.1 进行页面设置

在制作"聘用合同"前，首先需要创建一个 Word 文档，并设置其页面选项。

01 启动 Word 2019，新建一个名为"聘用合同"的空白文档，如图 10-1 所示。

02 选择【布局】选项卡，单击【页面设置】组中的【纸张大小】按钮，选择【A4】选项，设置纸张大小，如图 10-2 所示。

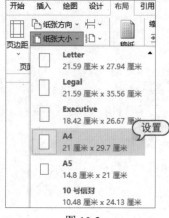

图 10-1   图 10-2

03 在【页面设置】组中单击对话框启动器按钮，打开【页面设置】对话框，设置上下页边距为 2.5 厘米，左、右页边距各 3 厘米，如图 10-3 所示。

04 选择【文档网格】选项卡，设置【文字排列】的【方向】为水平，【栏数】为 1，如图 10-4 所示，然后单击【确定】按钮。

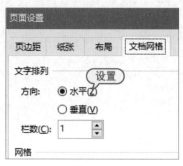

图 10-3   图 10-4

10.1.2　编辑合同首页

"聘用合同"文档的基本格式设置完成后，即可编辑合同首页。首页内容应说明文档的性质，格式应简洁、大方。

01 首先输入四段文本，如图 10-5 所示。

02 选择"聘用合同"文本，在【开始】选项卡的【字体】组中设置字体为【宋体】、字号为【初号】、加粗，在【段落】组中单击【居中】按钮设置文本居中对齐，如图 10-6 所示。

图 10-5　　　　　　　　　　　　　　　　　图 10-6

03 在【开始】选项卡的【段落】组中单击对话框启动器按钮 🔽，打开【段落】对话框，在【缩进和间距】选项卡中设置【段前】为【4 行】，设置【行距】为【1.5 倍行距】，单击【确定】按钮，如图 10-7 所示。

04 选中标题文字，在【开始】选项卡的【段落】组中单击【中文版式】按钮 🔽，在弹出的下拉列表中选择【调整宽度】命令，如图 10-8 所示。

图 10-7　　　　　　　　　　　　　　　　　图 10-8

05 打开【调整宽度】对话框，将【新文字宽度】设置为"7字符"，单击【确定】按钮，如图10-9所示。

06 此时标题文字效果如图10-10所示。

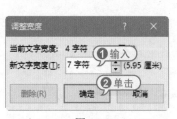

图 10-9　　　　　　　　　　　　　　　　图 10-10

07 选中第二段文字，设置字体为【宋体】、字号为【三号】、加粗，在【段落】组中单击【右对齐】按钮 ☰ 设置文字右对齐，如图10-11所示。

08 选中最后两段文字，设置字体为【宋体】、字号为【三号】、加粗，在【段落】组中不断单击【增加缩进量】按钮 ☲，即可以一个字符为单位向右侧缩进至合适位置，如图10-12所示。

图 10-11　　　　　　　　　　　　　　　　图 10-12

09 选中最后两段文字，在【开始】选项卡的【段落】组中单击【行和段落间距】按钮，在弹出的下拉列表中选择【2.5】选项，表示将行距设置为2.5倍行距，如图10-13所示。

10 分别选中最后两段文字，单击【段落】组中的对话框启动器按钮 ☐，打开【段落】对话框，设置第一段段前间距为8行，设置第二段段后间距为8行，如图10-14所示。

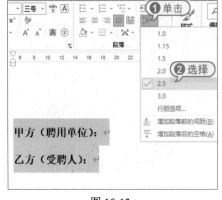
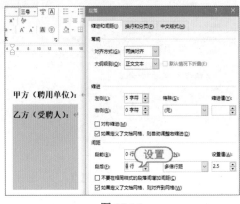

图 10-13　　　　　　　　　　　　　　　　图 10-14

11 在"甲方""乙方"的中间和右侧添加合适的空格，选中右侧的空格，在【开始】选项卡的【字体】组中单击【下画线】按钮，此时即可为选中的空格加上下画线，如图 10-15 所示。

12 此时可以查看制作完成的合同首页，效果如图 10-16 所示。

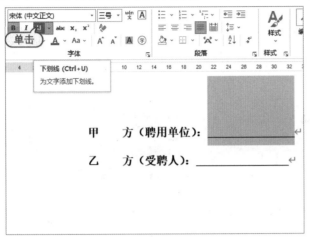

图 10-15

图 10-16

10.1.3　编辑合同正文

合同首页制作完成后，即可录入文档内容。在录入内容时，需要对内容进行排版设置，并灵活使用格式刷进行格式设置。

01 在第 2 页输入正文文本，设置字体为【宋体】、字号为【小四】，如图 10-17 所示。

02 选中正文内容，打开【段落】对话框，设置首行缩进为 2 字符，行距为 1.5 倍，如图 10-18 所示。

图 10-17

图 10-18

03 使用项目符号和编号可以对文档中并列的项目进行组织，或者将内容的顺序进行编号。选中正文中需要添加项目符号的文字段落，单击【开始】选项卡的【段落】组中的【项目符号】下拉按钮，在弹出的下拉列表中选择【项目符号库】中的一种项目符号，如图 10-19 所示。

04 选中正文中需要添加编号的文字段落，单击【开始】选项卡的【段落】组中的【编号】下拉按钮，在弹出的下拉列表中选择【编号库】中的一种编号，如图 10-20 所示。

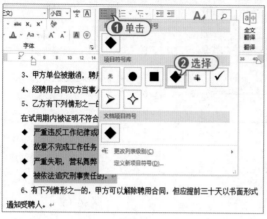

图 10-19　　　　　　　　　　　　图 10-20

05 在标尺上单击添加一个【左对齐式制表符】符号，将光标移到"乙方签字"文本前，然后按 Tab 键，此时光标后的文本自动与制表符对齐；也可使用相同的方法，用制表符定位其他文本，如图 10-21 所示。

06 在"甲方名称："、"代表签字："等文本后添加下画线，如图 10-22 所示。

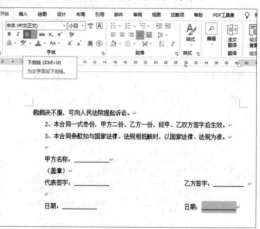
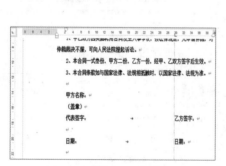

图 10-21　　　　　　　　　　　　图 10-22

10.2　制作"培训安排统计表"

企业的人事管理部门经常制作公司人员的培训计划，使用 Excel 制作"培训安排统计表"，可以使用公式和函数统计并计算其中需要的数值。

10.2.1　输入表格数据

在 Excel 2019 中创建工作簿，输入数据后可以对表格的格式进行设置。

01 启动 Excel 2019，新建名为"培训安排统计表"的工作簿，在【Sheet1】工作表内选中 A1:A2 单元格区域，单击【开始】选项卡的【对齐方式】组中的【合并后居中】下拉按钮，在弹出的菜单中选择【合并后居中】命令，如图 10-23 所示。

02 合并单元格后，在单元格中输入文本并设置文本格式，如图 10-24 所示。

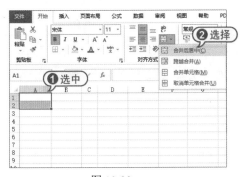

图 10-23

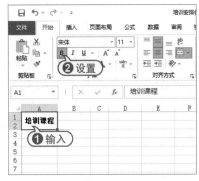

图 10-24

03 使用相同的方法，依次合并至 I1:I2 单元格，并输入文本，如图 10-25 所示。

04 合并 J1:M1 单元格区域，并输入文本，如图 10-26 所示。

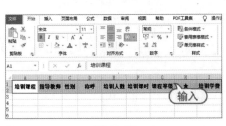

图 10-25

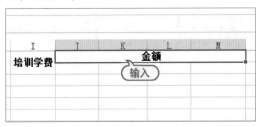

图 10-26

05 分别在 J2、K2、L2、M2 单元格内输入文本，如图 10-27 所示。

06 选中 J 列，右击弹出快捷菜单，选择【列宽】命令，如图 10-28 所示。

图 10-27

图 10-28

07 打开【列宽】对话框，在【列宽】文本框中输入"3"，单击【确定】按钮，如图 10-29 所示。

08 使用相同的方法，设置 K 列、L 列、M 列的列宽，如图 10-30 所示。

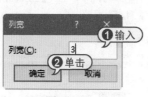

图 10-29

图 10-30

09 在其他相应的单元格内输入数据，如图 10-31 所示。

10 选中 A1:M10 单元格区域，右击弹出快捷菜单，选择【设置单元格格式】命令，如图 10-32 所示。

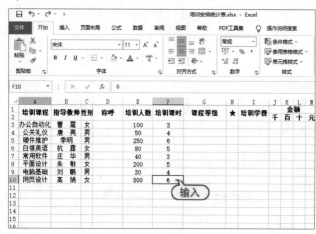

图 10-31

图 10-32

11 打开【设置单元格格式】对话框，选择【边框】选项卡，设置表格边框，单击【确定】按钮，如图 10-33 所示。

12 此时表格边框的效果如图 10-34 所示。

图 10-33

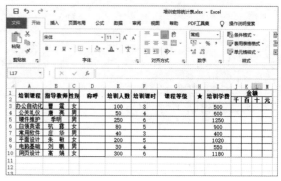

图 10-34

10.2.2　使用函数进行计算

在 Excel 中，使用函数可以快速计算数据，其中的文本函数主要用来处理文本字符串。比如在“培训安排统计表”中，使用 LEFT、REPT 等函数可以统计处理文本等信息。

01 选中 D3 单元格，在编辑栏中输入“=LEFT(B3,1)&IF(C3=" 女 "," 女士 "," 先生 ")”，如图 10-35 所示。

02 按 Ctrl+Enter 组合键，即可从信息中提取“曹震”的称呼为“曹女士”，如图 10-36 所示。

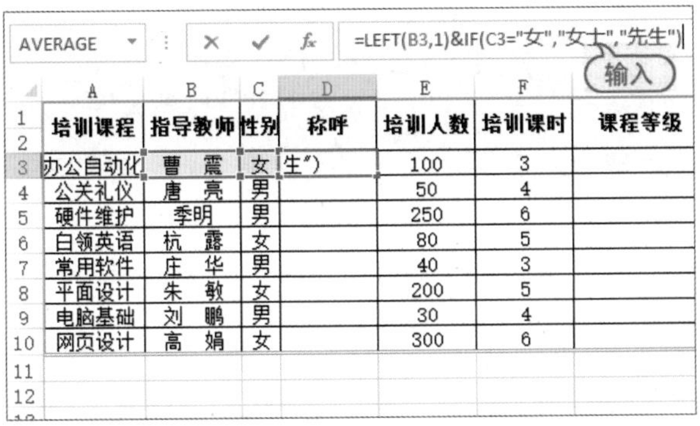

培训课程	指导教师	性别	称呼	培训人数	培训课时	课程等级
办公自动化	曹　震	女	生")	100	3	
公关礼仪	唐　亮	男		50	4	
硬件维护	季明	男		250	6	
白领英语	杭　露	女		80	5	
常用软件	庄　华	男		40	3	
平面设计	朱　敏	女		200	5	
电脑基础	刘　鹏	男		30	4	
网页设计	高　娟	女		300	6	

图 10-35

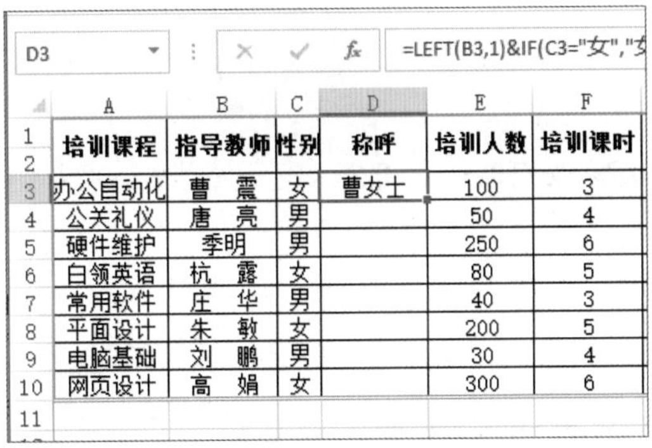

培训课程	指导教师	性别	称呼	培训人数	培训课时
办公自动化	曹　震	女	曹女士	100	3
公关礼仪	唐　亮	男		50	4
硬件维护	季明	男		250	6
白领英语	杭　露	女		80	5
常用软件	庄　华	男		40	3
平面设计	朱　敏	女		200	5
电脑基础	刘　鹏	男		30	4
网页设计	高　娟	女		300	6

图 10-36

03 将光标移至 D3 单元格右下角，待光标变为实心十字形时，按住鼠标左键向下拖至 D10 单元格，进行公式填充，从而提取所有教师的称呼，如图 10-37 所示。

04 选中 G3 单元格，在编辑栏中输入“=REPT(H1,INT(F3))”，如图 10-38 所示。

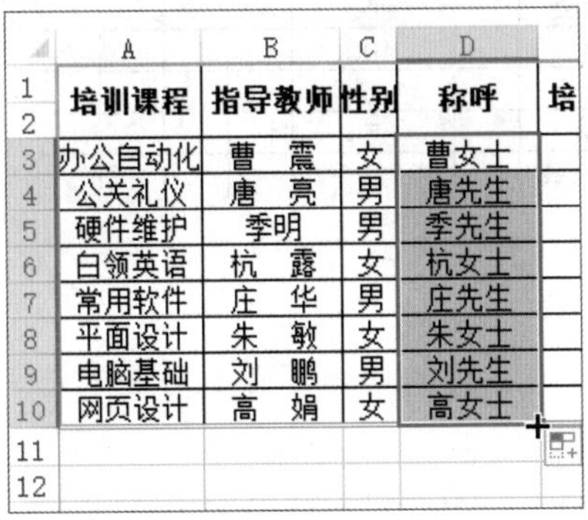

培训课程	指导教师	性别	称呼
办公自动化	曹　震	女	曹女士
公关礼仪	唐　亮	男	唐先生
硬件维护	季明	男	季先生
白领英语	杭　露	女	杭女士
常用软件	庄　华	男	庄先生
平面设计	朱　敏	女	朱女士
电脑基础	刘　鹏	男	刘先生
网页设计	高　娟	女	高女士

图 10-37

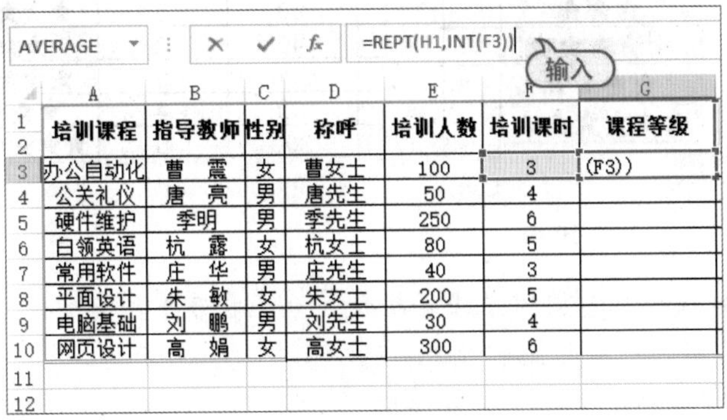

培训课程	指导教师	性别	称呼	培训人数	培训课时	课程等级
办公自动化	曹　震	女	曹女士	100	3	(F3))
公关礼仪	唐　亮	男	唐先生	50	4	
硬件维护	季明	男	季先生	250	6	
白领英语	杭　露	女	杭女士	80	5	
常用软件	庄　华	男	庄先生	40	3	
平面设计	朱　敏	女	朱女士	200	5	
电脑基础	刘　鹏	男	刘先生	30	4	
网页设计	高　娟	女	高女士	300	6	

图 10-38

05 按 Ctrl+Enter 组合键，计算公式结果，如图 10-39 所示。

06 在编辑栏中选中“H1”，按 F4 快捷键，将其更改为绝对引用方式“$H$1”，如图 10-40 所示。按 Ctrl+Enter 组合键。

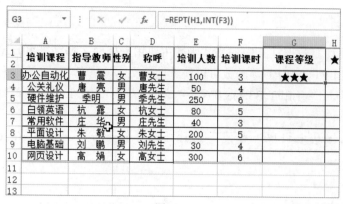

图 10-39

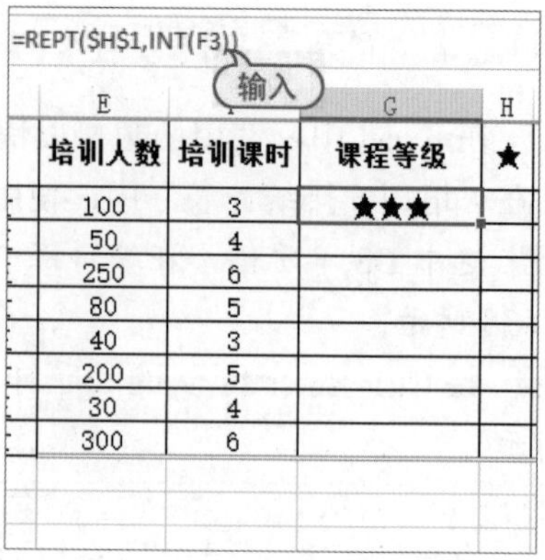

图 10-40

07 使用相对引用方式复制公式至 G4:G10 单元格区域，计算不同的培训课程所对应的课程等级，如图 10-41 所示。

08 选中 J3 单元格，在编辑栏中输入"=IF(LEN(I3)=4,MID(I3,1,1),0)"，按 Ctrl+Enter 组合键，从"办公自动化"的培训学费中提取"千"位数额，如图 10-42 所示。

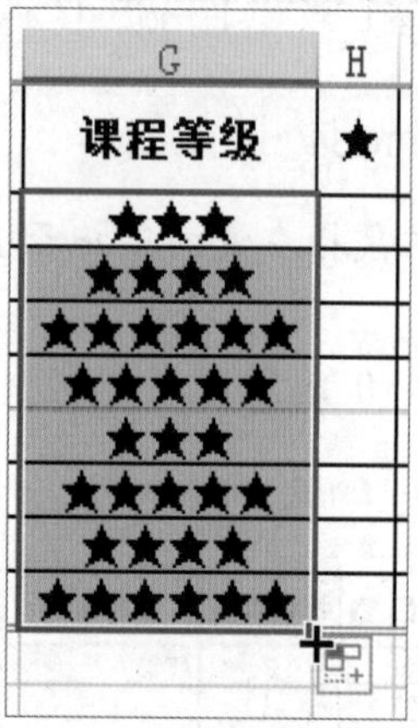

图 10-41

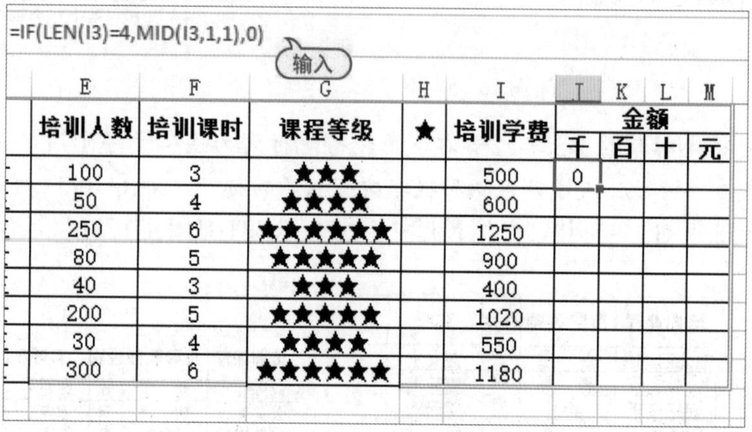

图 10-42

09 使用相对引用方式复制公式至 J4:J10 单元格区域，计算不同的培训课程所对应的培训学费中的千位数额，如图 10-43 所示。

10 选中 K3 单元格，在编辑栏中输入"=IF(J3=0,IF(LEN(I3)=3,MID(I3,1,1),0),MID(I3,2,1))"。按 Ctrl+Enter 组合键，提取"办公自动化"培训学费中的"百"位数额，如图 10-44 所示。

11 使用相对引用方式复制公式至 K4:K10 单元格区域，计算不同的培训课程所对应的培训学费中的百位数额，如图 10-45 所示。

12 选中 L3 单元格，在编辑栏中输入"=IF(J3=0,IF(LEN(I3)=2,MID(I3,1,1),MID(I3,2,1)),MID(I3,3,1))"，按 Ctrl+Enter 组合键，提取"办公自动化"培训学费中的"十"位数额，如图 10-46 所示。

=IF(J3=0,IF(LEN(I3)=3,MID(I3,1,1),0),MID(I3,2,1))

图 10-43

金额			
千	百	十	元
0			
0			
1			
0			
0			
1			
0			
1			

图 10-44

	培训人数	培训课时	课程等级	★	培训学费	金额			
	E	F	G	H	I	千	百	十	元
士	100	3	★★★		500	0	5		
生	50	4	★★★★		600	0			
生	250	6	★★★★★★		1250	1			
士	80	5	★★★★★		900	0			
生	40	3	★★★		400	0			
士	200	5	★★★★★		1020	1			
生	30	4	★★★★		550	0			
士	300	6	★★★★★★		1180	1			

=IF(J3=0,IF(LEN(I3)=2,MID(I3,1,1),MID(I3,2,1)),MID(I3,3,1))

图 10-45

金额			
千	百	十	元
0	5		
0	6		
1	2		
0	9		
0	4		
1	0		
0	5		
1	1		

图 10-46

	培训人数	培训课时	课程等级	★	培训学费	金额			
	E	F	G	H	I	千	百	十	元
士	100	3	★★★		500	0	5	0	
生	50	4	★★★★		600	0	6		
生	250	6	★★★★★★		1250	1	2		
士	80	5	★★★★★		900	0	9		
生	40	3	★★★		400	0	4		
士	200	5	★★★★★		1020	1	0		
生	30	4	★★★★		550	0	5		
士	300	6	★★★★★★		1180	1	1		

图 10-45 **图 10-46**

13 使用相对引用方式复制公式至 L4:L10 单元格区域，计算不同的培训课程所对应的培训学费中的十位数额，如图 10-47 所示。

14 选中 M3 单元格，在编辑栏中输入"=IF(J3=0,IF(LEN(I3)=1,MID(I3,1,1),MID(I3,3,1)),MID(I3,4,1))"，按 Ctrl+Enter 组合键，提取"办公自动化"培训学费中的"元"位数额，如图 10-48 所示。

=IF(J3=0,IF(LEN(I3)=1,MID(I3,1,1),MID(I3,3,1)),MID(I3,4,1))

金额			
千	百	十	元
0	5	0	
0	6	0	
1	2	5	
0	9	0	
0	4	0	
1	0	2	
0	5	5	
1	1	8	

图 10-47

	培训人数	培训课时	课程等级	★	培训学费	金额			
	E	F	G	H	I	千	百	十	元
士	100	3	★★★		500	0	5	0	0
生	50	4	★★★★		600	0	6	0	
生	250	6	★★★★★★		1250	1	2	5	
士	80	5	★★★★★		900	0	9	0	
生	40	3	★★★		400	0	4	0	
士	200	5	★★★★★		1020	1	0	2	
生	30	4	★★★★		550	0	5	5	
士	300	6	★★★★★★		1180	1	1	8	

图 10-48

15 使用相对引用方式复制公式至 M4:M10 单元格区域，计算不同的培训课程所对应的培训学费中的个位数额，如图 10-49 所示。

M3		fx	=IF(J3=0,IF(LEN(I3)=1,MID(I3,1,1),MID(I3,3,1)),MID(I3,4,1))										

	A	B	C	D	E	F	G	H	I	金额				N
	培训课程	指导教师	性别	称呼	培训人数	培训课时	课程等级	★	培训学费	千	百	十	元	
3	办公自动化	曹 震	女	曹女士	100	3	★★★		500	0	5	0	0	
4	公关礼仪	唐 亮	男	唐先生	50	4	★★★★		600	0	6	0	0	
5	硬件维护	季明	男	季先生	250	6	★★★★★★		1250	1	2	5	0	
6	白领英语	杭 露	女	杭女士	80	5	★★★★★		900	0	9	0	0	
7	常用软件	庄 华	男	庄先生	40	3	★★★		400	0	4	0	0	
8	平面设计	朱 敏	女	朱女士	200	5	★★★★★		1020	1	0	2	0	
9	电脑基础	刘 鹏	男	刘先生	30	4	★★★★		550	0	5	5	0	
10	网页设计	高 娟	女	高女士	300	6	★★★★★★		1180	1	1	8	0	
11														
12														
13														

图 10-49

10.3 制作"员工培训 PPT"

使用 PowerPoint 制作"员工培训 PPT"，可以帮助主讲人更加深刻、形象地传递培训内容，达到培训员工的目的。

10.3.1 设计幻灯片母版

为了使幻灯片版面一致和美观，可以设置幻灯片母版来提高制作幻灯片的效率。

01 启动 PowerPoint 2019，在【新建】界面中选择【培训演示文稿】模板，如图 10-50 所示。

02 以该模板创建一个名为"员工培训 PPT"的演示文稿，如图 10-51 所示。

图 10-50

图 10-51

03 单击【视图】选项卡中的【幻灯片母版】按钮，切换到幻灯片母版视图，选择第 1 张幻灯片，如图 10-52 所示。

04 选择【插入】选项卡，单击【图片】下拉按钮，在弹出的下拉菜单中选择【此设备】命令，打开【插入图片】对话框，选择相应的图片后单击【插入】按钮，如图 10-53 所示。

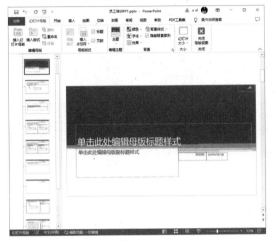

图 10-52

图 10-53

05 插入图片后，调整图片的大小和位置，如图 10-54 所示。

06 选择幻灯片母版中的第 3 张幻灯片，在【插入】选项卡中单击【形状】下拉按钮，在弹出的下拉菜单中选择矩形形状，如图 10-55 所示。

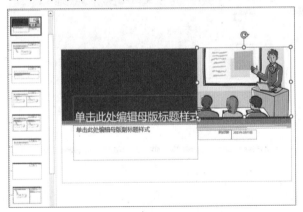

图 10-54

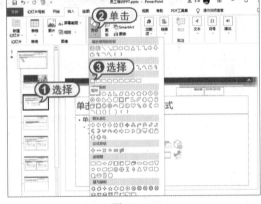

图 10-55

07 在幻灯片底部绘制一个矩形形状，如图 10-56 所示。

08 选中该矩形，单击【形状格式】选项卡的【形状样式】组中的【形状轮廓】下拉按钮，在弹出的下拉菜单中选择【无轮廓】命令，如图 10-57 所示。

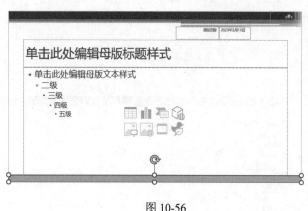

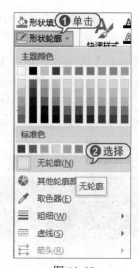

图 10-56　　　　　　　　　　　　　　　图 10-57

09 单击【幻灯片母版】选项卡中的【关闭母版视图】按钮，退出母版视图，如图 10-58 所示。

10 返回幻灯片普通视图，查看幻灯片效果，如图 10-59 所示。

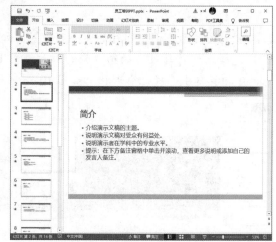

图 10-58　　　　　　　　　　　　　　　图 10-59

10.3.2　设计首页幻灯片

首页幻灯片的设计主要包括标题和副标题的设置，幻灯片及幻灯片中对象动画效果的设置，其具体操作步骤如下。

01 在第一个占位符中输入标题文字，设置【字体】为【华文新魏】、【字号】为【72】、【字体颜色】为【浅绿】，如图 10-60 所示。

02 在第二个占位符中输入副标题文字，设置【字体】为【微软雅黑】、【字号】为【32】、【字体颜色】为【深绿】，如图 10-61 所示。

图 10-60　　　　　　　　　　　　　　　　图 10-61

03 选择【切换】选项卡，在【切换到此幻灯片】组中单击 按钮，从弹出的下拉列表中选择【华丽】|【帘式】选项，设置首页幻灯片的切换效果，如图 10-62 所示。

04 在【切换】选项卡的【计时】组中设置【声音】为【推动】、【持续时间】为 3 秒，如图 10-63 所示。

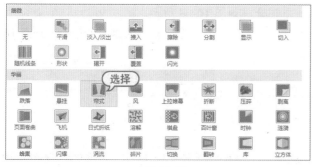

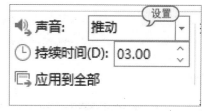

图 10-62　　　　　　　　　　　　　　　　图 10-63

05 选中第一个占位符，在【动画】选项卡中单击【动画】组中的 按钮，从弹出的下拉列表中选择【进入】|【浮入】选项，设置幻灯片对象的动画效果，如图 10-64 所示。

06 选中第二个占位符，选择【进入】|【形状】选项，设置动画效果，如图 10-65 所示。

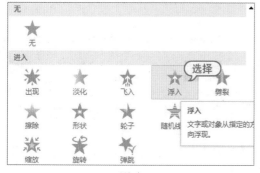

图 10-64　　　　　　　　　　　　　　　　图 10-65

07 单击【动画】选项卡的【高级动画】组中的【动画窗格】按钮，打开动画窗格，显示对象动画效果，可以对其进行重新排序等操作，如图 10-66 所示。

08 单击【动画】选项卡中的【预览】按钮，预览对象动画效果，如图 10-67 所示。

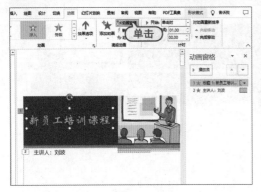

图 10-66

图 10-67

10.3.3　设计内容页幻灯片

制作完首页幻灯片后，即可继续设计相关内容页幻灯片。

01 保留前 4 张幻灯片，其余的幻灯片一并删除，如图 10-68 所示。

02 选择第 2 张幻灯片，在占位符中分别输入标题和正文，并设置其字体、字号等，如图 10-69 所示。

图 10-68

图 10-69

03 选择【切换】选项卡，在【切换到此幻灯片】组中单击 按钮，从弹出的下拉列表中选择【细微】|【推入】选项，设置第 2 张幻灯片的切换效果，如图 10-70 所示。

04 选中标题占位符，在【动画】选项卡中单击【动画】组中的 按钮，从弹出的下拉列表中选择【强调】|【脉冲】选项，设置该对象的动画效果，如图 10-71 所示。

图 10-70　　　　　　　　　　　　　图 10-71

05 选中正文占位符，在【动画】选项卡中单击【动画】组中的▼按钮，从弹出的下拉列表中选择【强调】|【对象颜色】选项，设置该对象的动画效果，如图 10-72 所示。

06 单击【动画】选项卡中的【预览】按钮，预览第 2 张幻灯片的动画效果，如图 10-73 所示。

图 10-72　　　　　　　　　　　　　图 10-73

07 选择第 3 张幻灯片，在占位符中分别输入标题和正文，并设置其字体、字号等，如图 10-74 所示。

08 选择【切换】选项卡，在【切换到此幻灯片】组中单击▼按钮，从弹出的下拉列表中选择【动态内容】|【平移】选项，设置该幻灯片的切换效果，如图 10-75 所示。

图 10-74　　　　　　　　　　　　　图 10-75

09 选中标题占位符，在【动画】选项卡中单击【动画】组中的▾按钮，从弹出的下拉列表中选择【进入】|【飞入】选项，设置该对象的动画效果，如图 10-76 所示。

10 选中正文占位符，在【动画】选项卡中单击【动画】组中的▾按钮，从弹出的下拉列表中选择【进入】|【随机线条】选项，设置该对象的动画效果，如图 10-77 所示。

图 10-76　　　　　　　　　　　　　　　图 10-77

11 选择第 4 张幻灯片，输入标题，删除第二个占位符，然后单击【插入】选项卡中的【SmartArt】按钮，如图 10-78 所示。

12 打开【选择 SmartArt 图形】对话框，选择【流程】|【交错流程】选项，单击【确定】按钮，如图 10-79 所示。

图 10-78　　　　　　　　　　　　　　　图 10-79

13 将 SmartArt 图形插入幻灯片中，并调整其大小和位置，如图 10-80 所示。

14 单击 SmartArt 图形中的形状，在其中输入文本并设置文本格式，如图 10-81 所示。

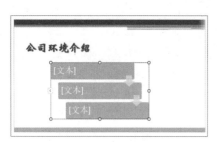 

图 10-80　　　　　　　　　　　　　　　图 10-81

15 选择【切换】选项卡，在【切换到此幻灯片】组中单击 按钮，从弹出的下拉列表中选择【华丽】|【库】选项，设置该幻灯片的切换效果，如图 10-82 所示。

16 选中标题占位符，在【动画】选项卡中单击【动画】组中的 按钮，从弹出的下拉列表中选择【进入】|【淡化】选项，设置该对象的动画效果，如图 10-83 所示。

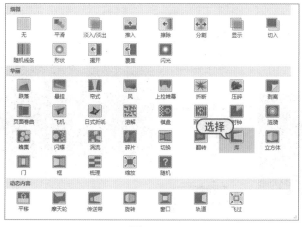

图 10-82

图 10-83

17 选中 SmartArt 图形，在【动画】选项卡中单击【动画】组中的 按钮，从弹出的下拉列表中选择【强调】|【跷跷板】选项，设置该对象的动画效果，如图 10-84 所示。

18 单击【动画】选项卡中的【预览】按钮，预览第 4 张幻灯片的动画效果，如图 10-85 所示。

图 10-84

图 10-85

10.3.4　设计结束页幻灯片

结束页幻灯片的背景可以和首页幻灯片的背景一致，只需变换幻灯片的文字内容，然后设置新的动画效果。

01 选择第 1 张幻灯片缩略图，在【开始】选项卡的【剪贴板】组中单击【复制】按钮，如图 10-86 所示。

02 选择第 4 张幻灯片缩略图下方的空白处,在【开始】选项卡的【剪贴板】组中单击【粘贴】按钮,如图 10-87 所示。

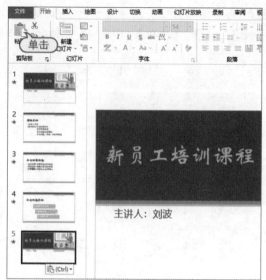

图 10-86　　　　　　　　　　　图 10-87

03 修改标题文本并设置字体,删除其余不用的占位符,如图 10-88 所示。

04 选择【切换】选项卡,在【切换到此幻灯片】组中单击▼按钮,从弹出的下拉列表中选择【细微】|【覆盖】选项,设置该幻灯片的切换效果,如图 10-89 所示。

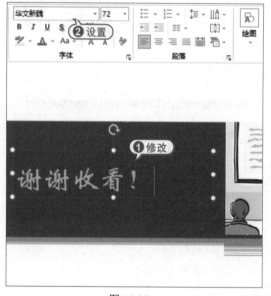
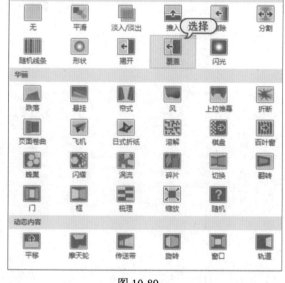

图 10-88　　　　　　　　　　　图 10-89

05 选择【切换】选项卡,在【切换到此幻灯片】组中单击【效果选项】下拉按钮,在弹出的下拉列表中选择【自顶部】选项,如图 10-90 所示。

06 选中标题占位符,在【动画】选项卡中单击【动画】组中的▼按钮,从弹出的下拉列表中选择【退出】|【飞出】选项,设置该对象的动画效果,如图 10-91 所示。

图 10-90

图 10-91

07 选中标题占位符，在【动画】选项卡的【计时】组中设置【延迟】为 2 秒，如图 10-92 所示。

08 至此所有幻灯片制作完毕，选择【幻灯片放映】选项卡，单击【开始放映幻灯片】组中的【从头开始】按钮，即可从头开始放映幻灯片，如图 10-93 所示。

图 10-92

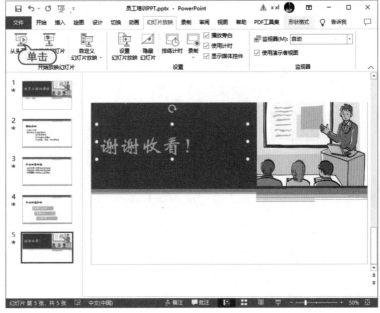

图 10-93

10.4　高手技巧

技巧：在设计动画效果时取消自动预览

在 PowerPoint 2019 中，如果用户需要取消动画自动预览功能，则可以在显示对象添加的动画样式后，打开【动画】选项卡，在【预览】组中单击【预览】下拉按钮，从弹出的下拉列表中选择【自动预览】选项，即可取消该命令的选中状态，如图 10-94 所示。

当用户再次为对象添加动画时，在【高级动画】组中单击【添加动画】下拉按钮，在弹出的【动作路径】列表中选择【循环】选项，此时将不再自动预览该路径动画效果，如图 10-95 所示。

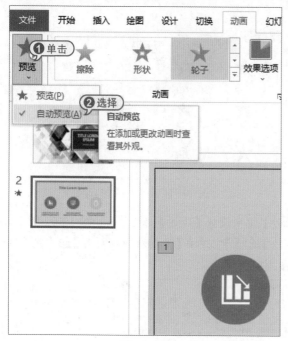

图 10-94

图 10-95

第 11 章

Office 行业办公应用——市场营销

本章导读

Office 软件在市场营销领域有着显著的作用，可以使用 Word 制作营销计划书，也可以使用 Excel 通过图表分析销售业绩，还可以使用 PowerPoint 设计产品销售计划 PPT 等。

11.1 制作"营销计划书"

营销计划书主要是应对市场环境变化所制作的文档，可以帮助企业合理安排营销资源。本节将介绍如何制作营销计划书，以模板创建 Word 文档并对具体内容进行设置。

11.1.1 制作首页内容

使用适合的 Word 模板制作营销计划书文档，并在首页中输入计划书的名称、公司、制作人等内容。

01 启动 Word 2019，在【新建】界面中搜索"计划书"，选择一个模板，如图 11-1 所示。

02 在弹出界面中单击【创建】按钮，如图 11-2 所示。

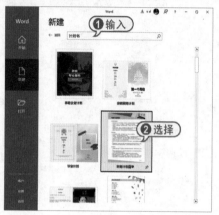

图 11-1

图 11-2

03 新建一个由模板创建的 Word 文档，以"营销计划书"为名进行保存，如图 11-3 所示。

04 按 Enter 键使首页空白，在【插入】选项卡的【文本】组中单击【艺术字】下拉按钮，从弹出的下拉列表中选择一种艺术字样式，如图 11-4 所示。

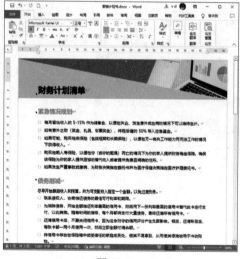

图 11-3

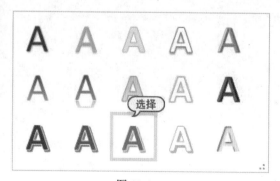

图 11-4

05 在插入的艺术字文本框内输入文本，并设置其字体和字号，如图 11-5 所示。

06 在合适的位置分别输入"公司名称""计划人""拟定时间"等文本，并设置文字格式，以及文本右对齐，如图 11-6 所示。

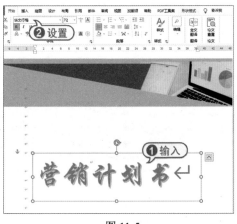
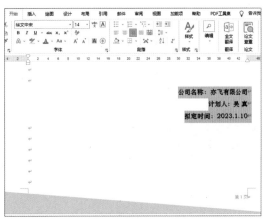

图 11-5　　　　　　　　　　　　　　　图 11-6

11.1.2　制作计划书内容

营销计划书的内容输入完毕后，可以格式化文本以满足用户需求。

01 在第 2 页输入营销计划书的具体内容，如图 11-7 所示。

02 选中第一行文字，选择【开始】选项卡的【样式】组中的【标题 1】样式，套用该样式，如图 11-8 所示。

图 11-7　　　　　　　　　　　　　　　图 11-8

03 选中下面的几段文本，设置字体和字号，如图 11-9 所示。

04 选中两段文本，在【开始】选项卡的【段落】组中单击对话框启动器按钮，打开【段落】对话框，设置【大纲级别】为【2 级】，如图 11-10 所示。

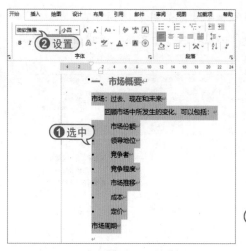 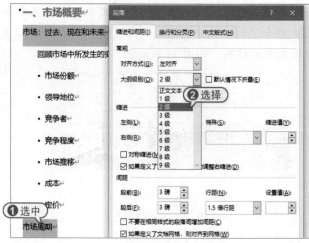

| 图 11-9 | 图 11-10 |

05 选中其中几段文本，打开【段落】对话框，设置首行缩进为"2字符"、行距为【1.5倍行距】，如图 11-11 所示。

06 改变正文部分的字体格式，用格式刷来统一其他正文的格式，再用格式刷来统一其他 2 级标题的格式，如图 11-12 所示。

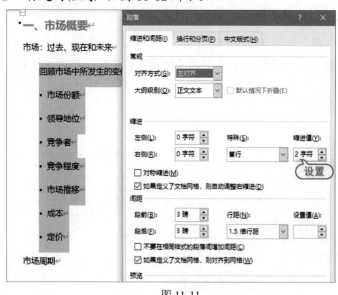 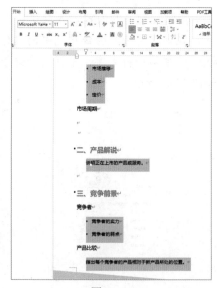

| 图 11-11 | 图 11-12 |

07 将插入点放置在合适的位置，在【插入】选项卡的【插图】组中单击【图表】按钮，如图 11-13 所示。

08 打开【插入图表】对话框，选择【饼图】|【三维饼图】选项，单击【确定】按钮，如图 11-14 所示。

09 弹出 Excel 表格，可在其中填入数据以表示销售额，如图 11-15 所示。

10 选中图表，调整其大小和位置，如图 11-16 所示。

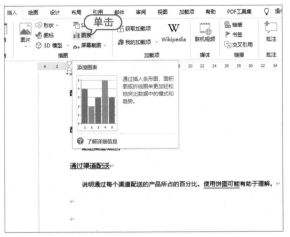

图 11-13

图 11-14

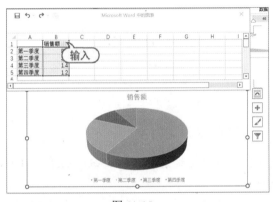

图 11-15

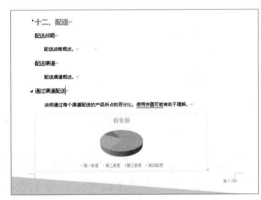

图 11-16

11 选择【图表工具】|【图表设计】选项卡,单击【图表样式】组中的▾按钮,在打开的列表框中选择【样式 3】选项,设置图表样式,如图 11-17 所示。

12 继续在该选项卡中单击【添加图表元素】下拉按钮,在弹出的下拉列表中选择一种数据标签样式,如图 11-18 所示。

图 11-17

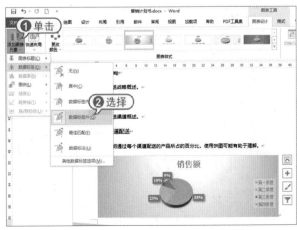

图 11-18

11.1.3 制作计划书目录

下面介绍在营销计划书中创建目录的具体步骤。

01 将鼠标定位于首页末尾，单击【插入】选项卡的【页面】组中的【空白页】按钮，如图 11-19 所示。

02 在插入的空白页中输入"目录"文本，并设置其格式，如图 11-20 所示。

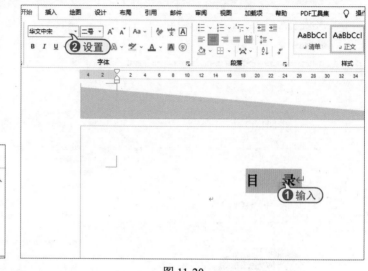

图 11-19   图 11-20

03 另起一行后，单击【引用】选项卡的【目录】组中的【目录】下拉按钮，在弹出的下拉列表中选择【自定义目录】选项，如图 11-21 所示。

04 打开【目录】对话框，设置【显示级别】为 2，然后单击【确定】按钮，如图 11-22 所示。

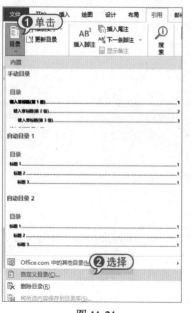
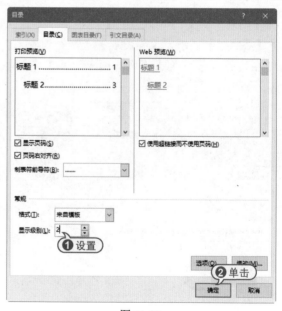

图 11-21   图 11-22

05 此时创建的目录效果如图 11-23 所示。

06 选中整个目录，打开【段落】对话框，设置段前、段后、行距等选项，然后单击【确定】
按钮，如图 11-24 所示。

图 11-23

图 11-24

07 设置段落格式后的目录效果如图 11-25 所示。

08 设置完毕后保存文档，最后营销计划书的效果如图 11-26 所示。

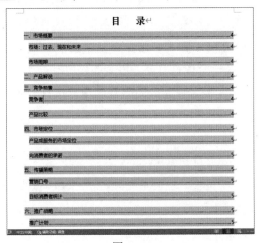

图 11-25

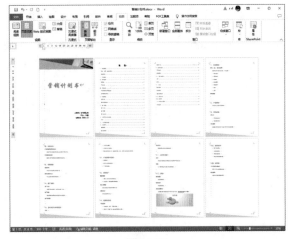

图 11-26

11.2　制作"销售分析图表"

对产品的销售数据进行分析时，可以使用图表来直观地表现和分析产品的销售状况。

11.2.1　插入图表

图表在 Excel 中常用于分析数据，可以更直观地表现数据在不同条件下的变化趋势。

01 启动 Excel 2019，打开"销售分析图表"工作簿，选中工作表中的 B2:B14 和 D2:F14 单元格区域，单击【插入】选项卡的【图表】组中的【推荐的图表】按钮，如图 11-27 所示。

02 在弹出的【插入图表】对话框中选择【所有图表】选项卡，选择【柱形图】|【簇状柱形图】选项，单击【确定】按钮，如图 11-28 所示。

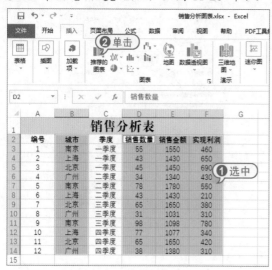
图 11-27

图 11-28

03 此时在工作表中创建图表，如图 11-29 所示。

04 在同一个图表中可以同时使用两种图表类型，即为组合图表，比如由柱状图和折线图组成的线柱组合图表。单击图表中表示【销售金额】的任意一个橙色柱体，则会选中所有关于【销售金额】的数据柱体，被选中的数据柱体 4 个角上显示小圆圈符号。然后在【图表设计】选项卡的【类型】组中单击【更改图表类型】按钮，如图 11-30 所示。

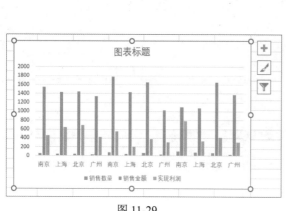
图 11-29

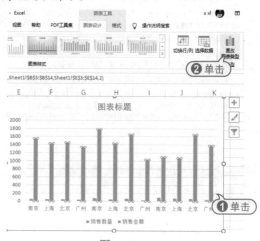
图 11-30

05 打开【更改图表类型】对话框，选择【组合图】选项，在对话框右侧的列表框中单击【销售金额】旁的下拉按钮，在弹出的菜单中选择【带数据标记的折线图】选项，然后单击【确定】按钮，如图 11-31 所示。

06 此时，原来的【销售金额】柱体变为折线，完成线柱组合图表的制作，如图 11-32 所示。

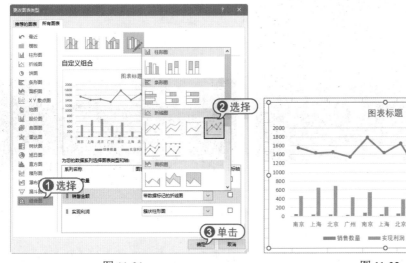

图 11-31　　　　　　　　　　　　　　　　图 11-32

11.2.2　设置图表格式

插入图表并设置图表格式后，可以使图表更美观，数据更清晰。

01 选中图表，单击【图表设计】选项卡的【图表样式】组中的▽按钮，在弹出的下拉列表中选择一种图表的样式，如图 11-33 所示。

02 单击【图表设计】选项卡的【图表布局】组中的【添加图表元素】下拉按钮，在弹出的菜单中选择【数据标签】|【数据标签外】选项，如图 11-34 所示。

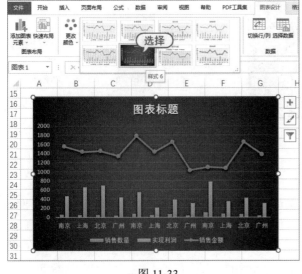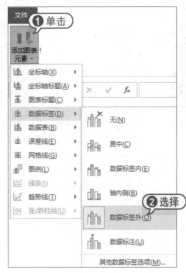

图 11-33　　　　　　　　　　　　　　　　图 11-34

03 此时更改后的图表样式效果如图 11-35 所示。

04 将光标放入图表标题中，删除原标题，输入"销售分析"，并设置其文字格式，如图 11-36 所示。

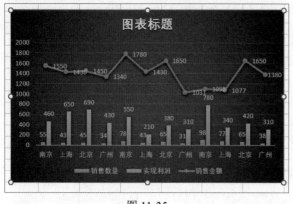

图 11-35   图 11-36

05 右击图表 Y 轴的标题，在弹出的快捷菜单中选择【设置坐标轴格式】命令，如图 11-37 所示。

06 打开【设置坐标轴格式】窗格，单击【坐标轴选项】按钮，设置【刻度线】选项，如图 11-38 所示。

图 11-37

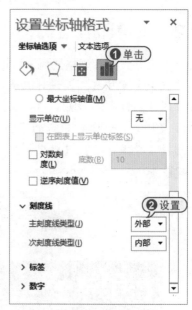

图 11-38

07 此时图表中 Y 轴刻度线的效果如图 11-39 所示。

08 双击图表中的图例，打开【设置图例格式】窗格，单击【图例选项】按钮，在【图例位置】选项组中选中【靠上】单选按钮，如图 11-40 所示。

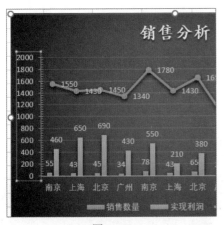

图 11-39

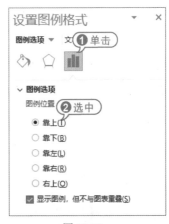

图 11-40

09 此时图表中的图例置于上方，效果如图 11-41 所示。

10 双击【实现利润】柱体，打开【设置数据系列格式】窗格，设置填充颜色为浅绿色，如图 11-42 所示。

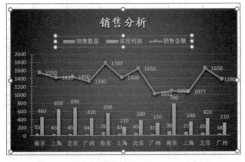

图 11-41

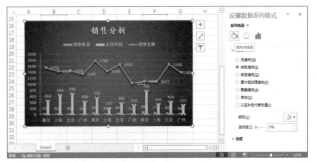

图 11-42

11 双击图表，打开【设置图表区格式】窗格，设置渐变填充颜色，如图 11-43 所示。

12 此时图表区填充颜色效果如图 11-44 所示，完成图表的格式设置。

图 11-43

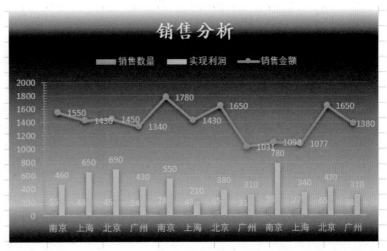

图 11-44

11.2.3 添加趋势线预测

分析图表时，常使用趋势线等功能进行预测研究。下面通过前面 12 个月的销售额，对后面几个月的销售额进行分析和预测。

01 选中图表，选择【图表工具】|【图表设计】选项卡，单击【图表布局】组中的【添加图表元素】下拉按钮，选择【趋势线】|【线性预测】选项，如图 11-45 所示。

02 打开【添加趋势线】对话框，选择【销售金额】选项，单击【确定】按钮，如图 11-46 所示。

图 11-45

图 11-46

03 此时，即可为图表添加基于【销售金额】的趋势线，如图 11-47 所示。

04 双击趋势线，打开【设置趋势线格式】窗格，设置线条颜色，如图 11-48 所示。

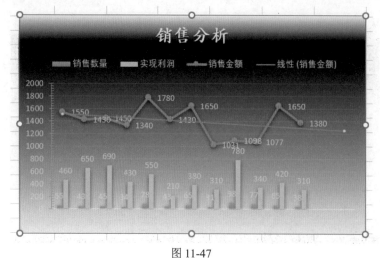

图 11-47

图 11-48

05 改变线条颜色后的趋势线效果如图 11-49 所示。

06 用户还可以用预测工作表功能来预测趋势。选中表格中的 A2:F14 单元格区域，单击【数据】选项卡的【预测】组中的【预测工作表】按钮，如图 11-50 所示。

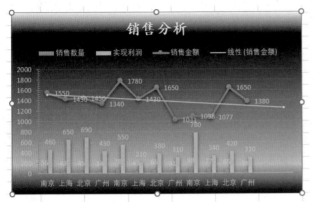

图 11-49

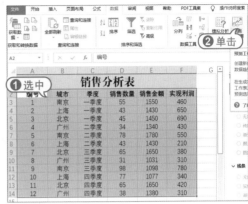

图 11-50

07 打开【创建预测工作表】对话框，设置【预测结束】为 15，意思为预测 12 个月后 3 个月的销售金额，单击【创建】按钮，如图 11-51 所示。

08 此时新建【Sheet2】工作表，显示预测的数据和图表，如图 11-52 所示。

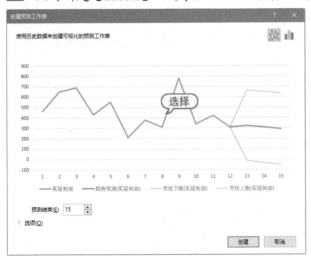

图 11-51

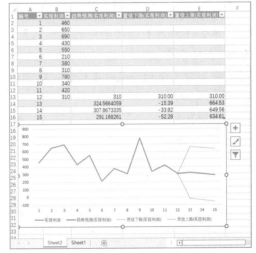

图 11-52

11.3　制作"商务计划书 PPT"

　　商务计划书中包含了公司团队介绍、项目产品介绍，以及未来发展计划等内容。在制作内容的过程中添加动画效果和设置动画选项，能更好地展现 PPT 内容。

11.3.1　制作首页幻灯片

制作商务计划书首页幻灯片的具体操作如下。

01 启动 PowerPoint 2019，新建一个名为"商务计划书 PPT"的演示文稿，插入文本框，输入标题文本，然后设置格式，如图 11-53 所示。

02 继续插入文本框，输入副标题文本，然后设置格式，如图 11-54 所示。

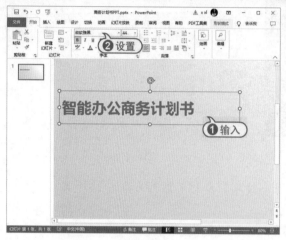

图 11-53

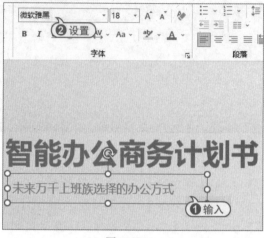

图 11-54

03 单击【插入】选项卡中的【形状】下拉按钮，从弹出的下拉菜单中选择【直线】选项，如图 11-55 所示。

04 在幻灯片中的合适位置绘制一条直线形状，如图 11-56 所示。

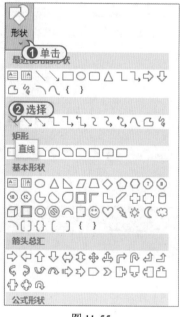

图 11-55

图 11-56

05 在【形状格式】选项卡的【形状样式】组中单击▼按钮，从弹出的下拉列表中选择一种形状样式，更改直线形状，如图 11-57 所示。

06 在【插入】选项卡的【图像】组中单击【图片】下拉按钮，从弹出的下拉菜单中选择【此设备】命令，如图 11-58 所示。

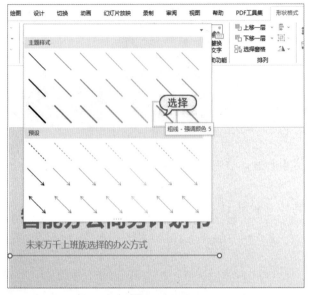

图 11-57

图 11-58

07 打开【插入图片】对话框，选择一张图片，单击【插入】按钮，如图 11-59 所示。

08 插入图片后，调整其大小和位置，如图 11-60 所示。

图 11-59

图 11-60

09 使用相同的方法，打开【插入图片】对话框，选择一张图片，单击【插入】按钮，如图 11-61 所示。

10 插入图片后，调整其大小和位置，如图 11-62 所示。

图 11-61　　　　　　　　　　　　　　　　图 11-62

11 选择【图片格式】选项卡，在【图片样式】组中单击 按钮，从弹出的下拉列表中选择一种图片样式，如图 11-63 所示。

12 设置完图片样式后，完成首页幻灯片的制作，如图 11-64 所示。

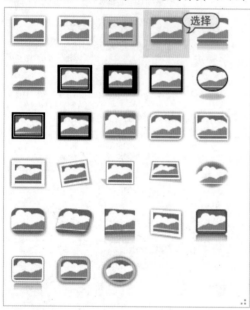

图 11-63　　　　　　　　　　　　　　　　图 11-64

11.3.2 制作目录页幻灯片

制作商务计划书目录页幻灯片的具体操作如下。

01 右击第 1 张幻灯片缩略图，从弹出的快捷菜单中选择【复制幻灯片】命令，即可在下方复制一张同样的幻灯片，如图 11-65 所示。

02 在第 2 张幻灯片中先删除所有内容，然后插入文本框，输入标题文本并设置字体格式，如图 11-66 所示。

图 11-65

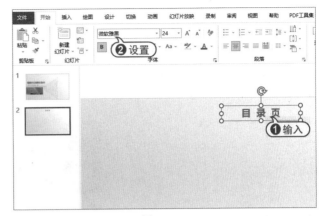

图 11-66

03 绘制两条直线形状，设置直线颜色及长宽，如图 11-67 所示。

04 复制并粘贴这两条直线，调整其位置，如图 11-68 所示。

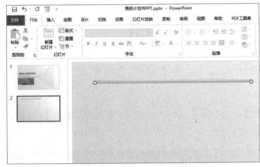

图 11-67　　　　　　　　　　　　　图 11-68

05 绘制圆角矩形形状，复制、粘贴形成 3 个形状，如图 11-69 所示。

06 插入文本框，输入数字和英文，设置字体和颜色，放置于矩形中，如图 11-70 所示。

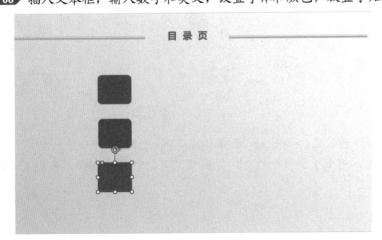

图 11-69

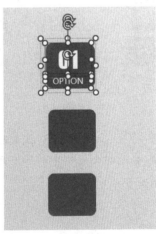

图 11-70

07 选中第一个矩形中的所有元素，右击弹出快捷菜单，选择【组合】|【组合】命令，将其形成一个组合，按照同样的方法，完成剩余两个矩形的制作，如图 11-71 所示。

08 绘制一个矩形形状，打开【设置形状格式】窗格，设置渐变填充颜色，如图 11-72 所示。

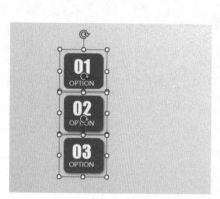

图 11-71

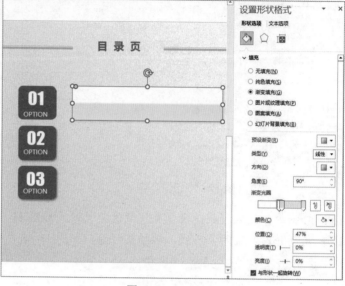

图 11-72

09 复制、粘贴后形成 3 个矩形，插入 3 个文本框并输入文本，各自放置于矩形之上，如图 11-73 所示。

10 单击【插入】选项卡中的【图片】按钮，选择【此设备】命令，打开【插入图片】对话框，选择 3 张图片，单击【插入】按钮，如图 11-74 所示。

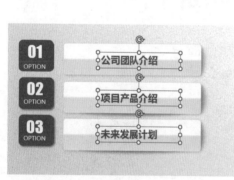

图 11-73

图 11-74

11 将插入的图片分别放置在合适的位置，如图 11-75 所示。

12 分别组合矩形中的所有元素，形成新的 3 个组合，完成目录页幻灯片的制作，如图 11-76 所示。

图 11-75

图 11-76

11.3.3　制作内容页幻灯片

制作商务计划书内容页幻灯片的具体操作如下。

01 右击第 2 张幻灯片缩略图，从弹出的快捷菜单中选择【复制幻灯片】命令，即可在下方复制一张同样的幻灯片，如图 11-77 所示。

02 选择第 3 张幻灯片，删去不需要的元素后，在文本框内输入文本，如图 11-78 所示。

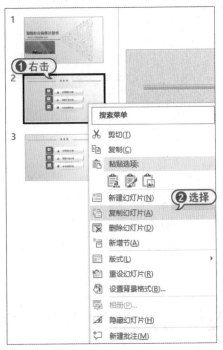

图 11-77

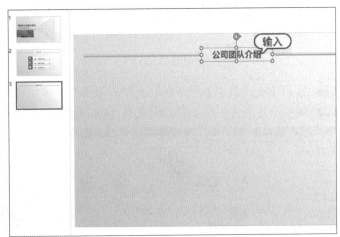

图 11-78

03 插入 3 个文本框，各自输入文本并设置字体格式，如图 11-79 所示。

04 打开【插入图片】对话框，选择一张图片，单击【插入】按钮，如图 11-80 所示。

图 11-79　　　　　　　　　　　　　　图 11-80

05 插入图片后，复制、粘贴形成 4 个对象，并调整大小和位置，如图 11-81 所示。

06 插入 4 个文本框，输入文本并设置字体格式，如图 11-82 所示。

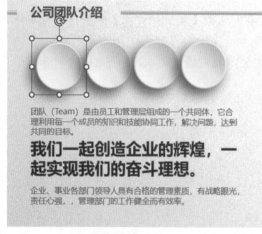

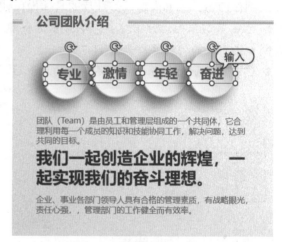

图 11-81　　　　　　　　　　　　　　图 11-82

07 打开【插入图片】对话框，选择一张图片，单击【插入】按钮，如图 11-83 所示。

08 调整图片的大小和位置，完成第 3 张幻灯片的制作，如图 11-84 所示。

图 11-83　　　　　　　　　　　　　　图 11-84

09 使用前面的方法，复制、粘贴同样的幻灯片，删除不需要的元素后，在文本框内输入文本，如图 11-85 所示。

10 插入一张图片，再插入文本框，输入并设置文本格式，如图 11-86 所示。

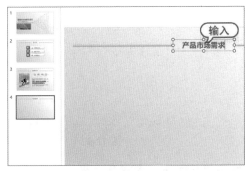
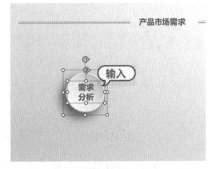

图 11-85　　　　　　　　　　　　　　　　图 11-86

11 插入一个文本框，输入并设置文本格式，如图 11-87 所示。

12 插入直线形状，绘制多根线条，并形成一个组合，如图 11-88 所示。

图 11-87　　　　　　　　　　　　　　　　图 11-88

13 绘制一个矩形，打开【设置形状格式】窗格，设置渐变填充颜色，如图 11-89 所示。

14 复制、粘贴该矩形，设置渐变填充颜色，如图 11-90 所示。

图 11-89　　　　　　　　　　　　　　　　图 11-90

15 将两个矩形叠加，组合成一个对象，如图 11-91 所示。

16 插入文本框后输入文本，并和矩形组合，如图 11-92 所示。

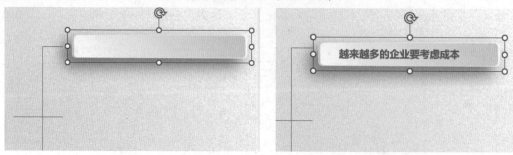

图 11-91   图 11-92

17 使用相同的方法，绘制多个矩形和文本框并相应组合，完成第 4 张幻灯片的制作，如图 11-93 所示。

18 使用前面的方法，复制、粘贴同样的幻灯片，删除不需要的元素后，在文本框内输入文本，如图 11-94 所示。

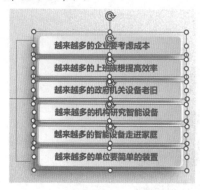

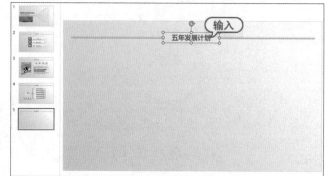

图 11-93   图 11-94

19 插入一个图形，调整其大小和位置，如图 11-95 所示。

20 在圆形中插入文本框，输入并设置文本格式，然后使用相同的方法制作其余两个图像，如图 11-96 所示。

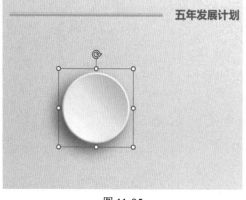

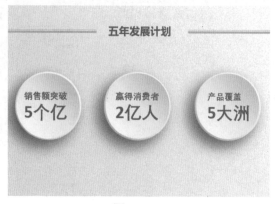

图 11-95   图 11-96

21 绘制矩形气泡形状，并在其中输入文本，如图 11-97 所示。

22 使用相同的方法，绘制其余两个矩形气泡，如图 11-98 所示。

 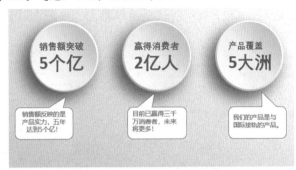

图 11-97　　　　　　　　　　　图 11-98

23 绘制一个文本框，输入并设置文本格式，完成第 5 张幻灯片的制作，如图 11-99 所示。

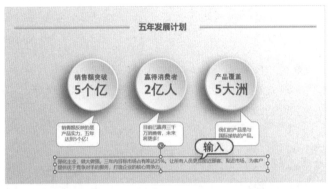

图 11-99

11.3.4　制作结束页幻灯片

制作商务计划书结束页幻灯片的具体操作如下。

01 使用上面的方法，创建一张幻灯片，并删除全部元素，如图 11-100 所示。

02 插入一张图片，设置其大小和位置，如图 11-101 所示。

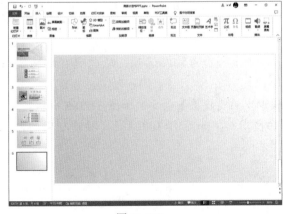 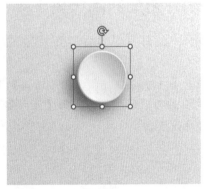

图 11-100　　　　　　　　　　　图 11-101

03 复制、粘贴成4个圆形，设置各自位置后，右击圆形，从弹出的快捷菜单中选择【置于顶层】
或【置于底层】等命令，设置成圆形重叠的形状，如图11-102所示。

04 插入4个文本框，输入并设置文本格式，如图11-103所示。

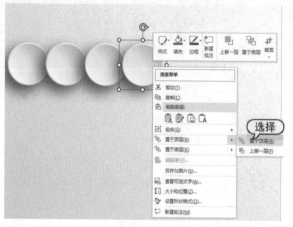

图 11-102

图 11-103

05 继续插入文本框，输入并设置文本格式，如图11-104所示。

06 绘制2条直线形状，完成结束页幻灯片的制作，如图11-105所示。

图 11-104

图 11-105

11.3.5 添加动画效果

制作完幻灯片内容后，还可以添加动画效果和设置动画选项，从而更好地展现幻灯片
内容。

01 选择第1张幻灯片，选择【切换】选项卡中的【覆盖】动画，如图11-106所示。

02 选中第2张幻灯片，选择【立方体】切换动画，如图11-107所示。按照相同的方法为其
余幻灯片设置切换方式。

图 11-106

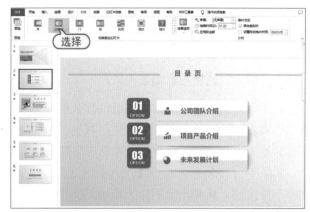

图 11-107

03 选择第 1 张幻灯片，选中文本框，在【动画】选项卡中选择【进入】|【浮入】动画，如图 11-108 所示。

04 选中右边的图形，设置为【飞入】动画，选择效果为【自右侧】，如图 11-109 所示。

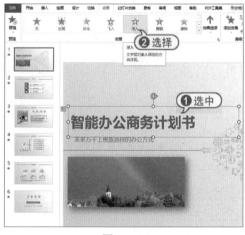

图 11-108

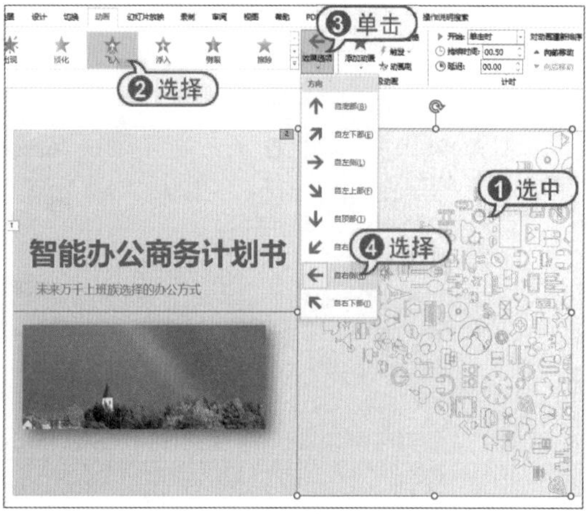

图 11-109

05 使用相同的方法，为其他幻灯片中各个对象添加不同的动画效果，并设置其动画选项，如图 11-110 所示。

06 按 F5 键从头放映幻灯片，预览动画效果，如图 11-111 所示。

图 11-110

图 11-111

11.4　高手技巧

技巧：设置动画播放后的显示效果

幻灯片中对象的动画播放完毕后，默认情况下会以其原始状态自动显示在幻灯片中，如果用户想让对象的动画播放完毕后，采用其他的方式显示出来，可按照以下的方法进行操作。

打开动画窗格，单击要设置的对象右侧的下拉按钮，从弹出的下拉列表中选择【效果选项】命令，如图 11-112 所示。打开【飞入】对话框，切换至【效果】选项卡，单击【动画播放后】右侧的下拉按钮，从弹出的下拉列表中选择动画播放后的效果即可，如可选择动画播放后变成其他颜色、播放后隐藏、播放后不变暗等，如图 11-113 所示。

图 11-112

图 11-113

第 12 章

Office 移动和共享办公应用

| 本章导读 |

　　使用 Office 组件中的 Outlook 2019，可以轻松管理电子邮件，满足办公需求。此外，Office 组件之间还可以通过资源共享和相互协作提高办公效率。本章主要介绍办公邮件管理、Office 共享和移动办公等相关知识。

12.1 Outlook 邮件管理

Outlook在办公中主要用于邮件的管理与发送，本节主要介绍配置Outlook，以及创建、编辑、发送和接收电子邮件等内容。

12.1.1 配置 Outlook

首次使用 Outlook，需要对 Outlook 进行简单配置，其相关操作步骤如下。

01 启动 Outlook 2019，在打开的登录对话框中，输入邮箱账户名称，然后单击【连接】按钮，如图 12-1 所示。

02 在弹出的界面中输入邮箱密码，然后单击【登录】按钮，如图 12-2 所示。

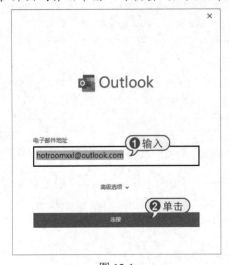

图 12-1

图 12-2

03 此时即可打开 Outlook 2019 主界面，并显示邮箱账户，如图 12-3 所示。

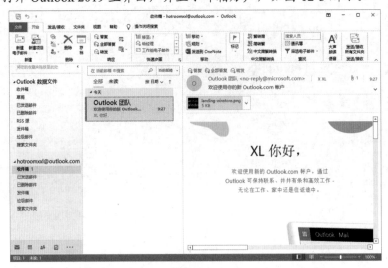

图 12-3

Outlook 支持不同类型的电子邮件账户，包括 Office 365、Outlook、Google、Exchange 及 POP、IMAP 类型的邮箱，基本支持 QQ、网易、阿里、新浪、搜狐、企业邮箱等，本书使用的 Outlook 邮箱，可在登录前进行 POP 账户设置，不同的邮箱所使用的接收和发送邮件服务器各有不同的地址和端口，例如，Outlook 邮箱账户可按如图 12-4 所示进行设置。

图 12-4

12.1.2　创建、编辑和发送邮件

　　使用 Outlook 2019 的"电子邮件"功能，可以很方便地发送电子邮件。

01 单击【开始】选项卡的【新建】组中的【新建电子邮件】按钮，如图 12-5 所示。

02 打开【邮件】窗口，在【收件人】文本框中输入收件人的电子邮箱地址，在【主题】文本框中输入邮件的主题，在邮件正文区中输入邮件的内容，如图 12-6 所示。

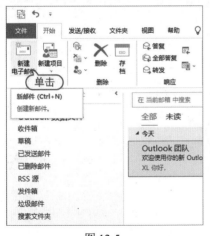

图 12-5

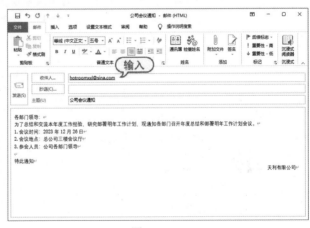

图 12-6

03 使用【邮件】选项卡的【普通文本】组中的相关工具按钮对邮件文本内容进行设置，设置完毕后单击【发送】按钮，如图 12-7 所示。

04 【邮件】窗口会自动关闭并返回主界面，在导航窗格的【已发送邮件】窗格中便多了一封已发送的邮件信息，Outlook 会自动将其发送出去，如图 12-8 所示。

图 12-7	图 12-8

12.1.3 接收和回复邮件

在 Outlook 2019 中接收和回复邮件是邮件操作中必不可少的一项，具体操作如下。

01 当 Outlook 2019 接收到邮件时，会在桌面任务栏右下角弹出消息弹窗通知用户。或者在 Outlook 2019 主界面的【发送 / 接收】选项卡中单击【发送 / 接收所有文件夹】按钮，如图 12-9 所示。

02 此时打开【Outlook 发送 / 接收进度】对话框，开始检查发送或接收邮件的进度，如图 12-10 所示。

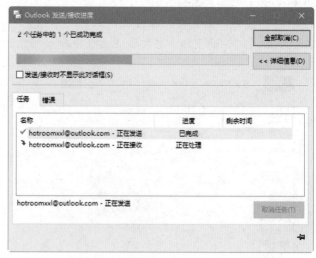

图 12-9	图 12-10

03 接收完毕后，返回主界面，在【收件箱】窗口中显示一条新邮件，如图 12-11 所示。

04 双击【收件箱】窗格中的邮件，即可打开【邮件】窗口，显示邮件的详细内容，如图 12-12 所示。

05 如果要回复邮件，则单击【开始】选项卡的【响应】组中的【答复】按钮，如图 12-13 所示。

06 此时弹出回复工作界面，在【主题】下方的邮件正文区中输入需要回复的内容，Outlook 系统默认保留原邮件的内容，原邮件的内容可根据需要进行删除。内容输入完成后单击【发送】按钮，即可完成邮件的回复，如图 12-14 所示。

图 12-11

图 12-12

图 12-14

图 12-13

12.1.4 转发邮件

转发邮件，即将邮件原文不变或者稍加修改后发送给其他联系人，用户可以利用 Outlook 2019 将所收到的邮件转发给一个或多个人。

01 右击需要转发的邮件，在弹出的快捷菜单中选择【转发】命令，如图 12-15 所示。

02 弹出转发邮件的工作界面，在【主题】下方的邮件正文区中输入需要补充的内容，Outlook 系统默认保留原邮件的内容，原邮件的内容可根据需要进行删除。在【收件人】文本框中输入收件人的电子邮箱，单击【发送】按钮，即可完成邮件的转发，如图 12-16 所示。

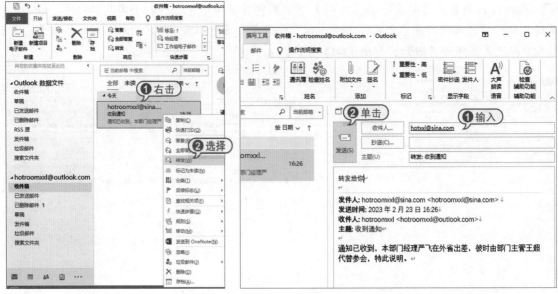

图 12-15   图 12-16

12.1.5　删除邮件

如果是垃圾邮件或者是不想保存的邮件，用户可以在 Outlook 中进行删除邮件操作。

01 右击需要删除的邮件，在弹出的快捷菜单中选择【删除】命令，如图 12-17 所示。

02 删除邮件后，移至【已删除邮件】窗格的邮件右侧出现【删除项目】按钮 ✕，单击该按钮，如图 12-18 所示。

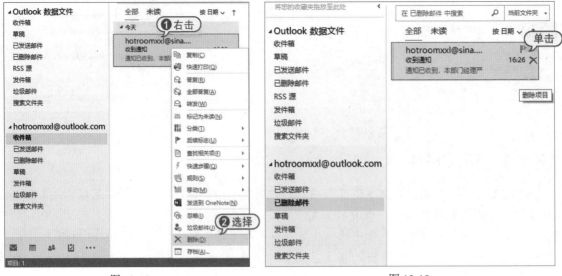

图 12-17   图 12-18

03 弹出提示对话框，单击【是】按钮，如图 12-19 所示。

04 此时即可把邮件从邮箱中完全删除，如图 12-20 所示。

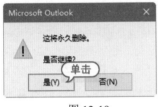

图 12-19

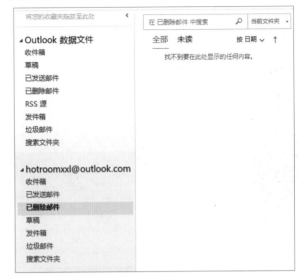

图 12-20

12.2　Office 2019 的共享办公

Office 文档可以放在网络或其他存储设备中，便于用户查看和编辑。用户可以跨平台、跨设备与其他人协作，共同编写文章、制作电子表格、编辑幻灯片等。

12.2.1　使用云端 OneDrive

云端 OneDrive 是微软公司推出的一项云存储服务，用户可以通过自己的 Microsoft 账户登录，并上传自己的图片、文档等到 OneDrive 中进行存储。无论身在何处，用户都可以访问 OneDrive 上的所有内容。

1. 将文档保存至云端 OneDrive

下面以 Excel 2019 为例，介绍将文档保存到云端 OneDrive 的具体操作步骤。

01 打开要保存到云端的文件，单击【文件】按钮，在打开的列表中选择【另存为】选项卡，在【另存为】区域选择【OneDrive】|【OneDrive-个人】选项 (需要登录微软账号)，如图 12-21 所示。

02 打开【另存为】对话框，在对话框中选择文件要保存的位置，这里选择保存在【OneDrive】|【文档】目录下，单击【保存】按钮，如图 12-22 所示。

03 打开电脑中的【OneDrive】目录文件夹，即可看到保存的文件，如图 12-23 所示。

04 双击文件，即可打开 Excel 工作簿进行查看，如图 12-24 所示。

图 12-21

图 12-22

图 12-23

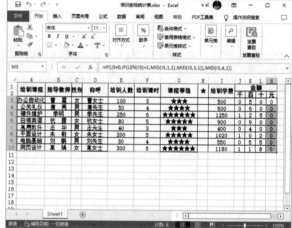

图 12-24

2. 在电脑中直接上传文档至 OneDrive

用户可以直接打开【OneDrive】窗口上传文档。在【此电脑】窗口中选择【OneDrive】选项，打开【OneDrive】窗口，如图 12-25 所示。选择要上传的文件，将其复制并粘贴至【OneDrive】文件夹或者直接拖曳文件至【文档】文件夹中，如图 12-26 所示，此时即可将文件上传至 OneDrive，在任务栏单击【OneDirve】图标，即可打开【OneDrive】窗口查看使用记录。

图 12-25　　　　　　　　　　　　　　　图 12-26

12.2.2　共享 Office 各组件文档

Office 2019 提供了多种共享方式，包括与人共享、电子邮件、联机演示等。

01　打开一个 PowerPoint 演示文稿，单击【文件】按钮，选择【共享】选项卡，即可看到界面右侧的共享方式，如图 12-27 所示。

02　要将文档保存至 OneDrive 中，可以单击【与人共享】中的【保存到云】按钮，如图 12-28 所示。

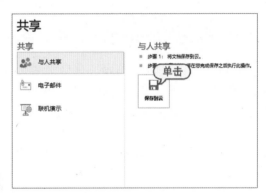

图 12-27　　　　　　　　　　　　　　　图 12-28

03　在打开的界面中选择【OneDrive-个人】选项，如图 12-29 所示。

04　打开【另存为】对话框，选择文件要保存的 OneDrive 中的文件夹，然后单击【保存】按钮即可，如图 12-30 所示。

05　选择【共享】界面中的【电子邮件】选项，可以看到【作为附件发送】【发送链接】【以 PDF 形式发送】【以 XPS 形式发送】和【以 Internet 传真形式发送】5 种形式，如图 12-31 所示，不过在使用邮件分享时，计算机中需要安装邮箱客户端，如 Outlook、Foxmail 等。

06　选择【共享】界面中的【联机演示】选项，可以通过浏览器的形式将文档分享给其他人，选择【联机演示】选项，如图 12-32 所示，即可生成联机演示链接，将该链接发送给对方即可共享。

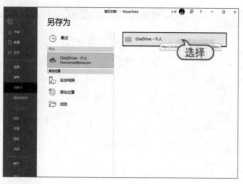

图 12-29

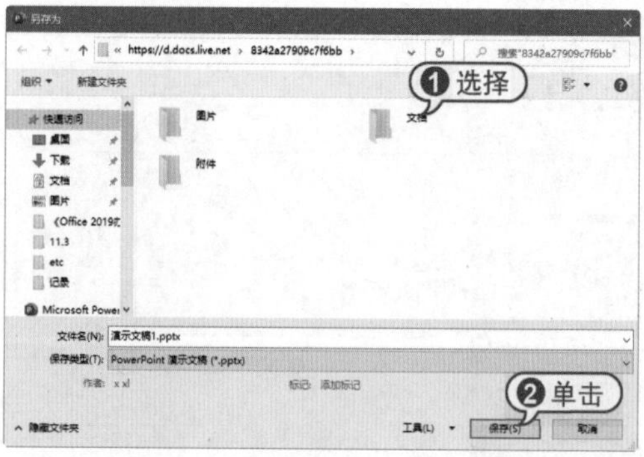

图 12-30

图 12-31

图 12-32

12.2.3 使用 OneNote 共享

Office 中的组件 OneNote 是一款自由度很高的笔记应用，用户可以在任何位置随时使用它记录自己的想法、添加图片、记录待办事项等。OneNote 同时也支持共享功能，用户可以用不同方式进行共享，达到信息的最大化利用。

01 启动 OneNote 2019，单击【单击此处添加笔记本】位置开始新建笔记本，如图 12-33 所示。

02 打开【新笔记本】界面，单击【浏览】按钮，如图 12-34 所示。

图 12-33

图 12-34

03 打开【创建新的笔记本】对话框，设置笔记本的位置和名称，然后单击【创建】按钮，如图 12-35 所示。

04 此时创建一个名为"工作笔记"的空白笔记本，默认情况下，新建笔记本后，包含一个"新分区 1"的分区，分区相当于活页夹中的标签分割片，用户可以创建不同的分区以方便管理，如图 12-36 所示。

图 12-35

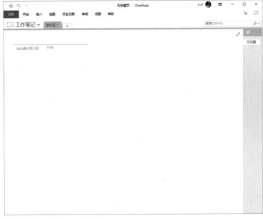

图 12-36

05 在内容区输入标题和内容，如图 12-37 所示。

06 完成笔记本内容的输入后，单击【文件】按钮，在【笔记本信息】界面中选择【工作笔记】，单击【设置】下拉按钮，选择【共享或移动】选项，如图 12-38 所示。

图 12-37

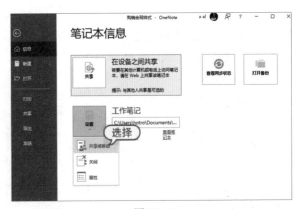

图 12-38

07 打开【共享】对话框，选择【OneDrive-个人】选项，上传笔记本到云，如图 12-39 所示。

08 上传完毕后，弹出提示对话框，单击【确定】按钮，如图 12-40 所示。

09 弹出【发送链接】对话框，单击【复制链接】选项区域中的【复制】按钮，如图 12-41 所示。

10 此时创建笔记本的链接，单击【复制】按钮复制该链接，可以发送至 QQ、微信等社交媒体中，对方可以打开链接查看笔记本内容，如图 12-42 所示。

图 12-39

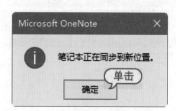

图 12-40

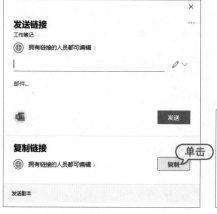

图 12-41

图 12-42

11 在【发送链接】对话框中可以设置发送人的邮箱地址，然后单击■按钮，如图 12-43 所示。

12 此时打开 Outlook，链接自动嵌入邮件内容，可以继续填写相关内容后发送邮件共享链接，如图 12-44 所示。

图 12-43

图 12-44

12.3　Office 2019 的协同办公

在日常工作中，用户可以使用 Word、Excel 和 PowerPoint 等 Office 组件相互协作，以提高工作效率。

12.3.1　Word 和 Excel 的协同办公

为了节省输入数据的时间，用户可以在 Word 中导入现有的 Excel 表格或者在 Word 中直接粘贴 Excel 数据，也可以在 Excel 中粘贴 Word 文本。

1. 在 Word 文档中插入 Excel 表格

如果想要在 Word 文档"销售报告"中插入已经创建完毕并保存到计算机中的 Excel 表格"销售额统计表"，只需选择该 Excel 表格，然后以链接或图标的形式将其插入文档中，当源文件的数据发生变化时，导入 Word 中的 Excel 表格数据也会随之变化。

01 启动 Word 2019，打开"销售报告"文档，将光标插入点放置在要导入 Excel 表格的位置，在【插入】选项卡中单击【文本】组的【对象】右侧的下拉按钮，从展开的下拉列表中选择【对象】命令，如图 12-45 所示。

02 打开【对象】对话框，在【由文件创建】选项卡中单击【浏览】按钮，如图 12-46 所示。

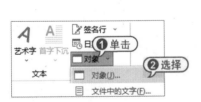

图 12-45

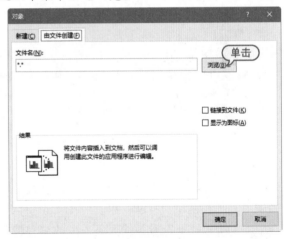

图 12-46

03 打开【浏览】对话框，选择需要导入的 Excel 文件，如选择"销售额统计表.xlsx"，单击【插入】按钮，如图 12-47 所示。

04 返回【对象】对话框，选中【链接到文件】复选框，单击【确定】按钮，如图 12-48 所示。

05 返回文档中，此时在光标插入点处显示出"销售额统计表"内容，如图 12-49 所示。

06 双击 Word 中导入的工作表，打开"销售额统计表"工作簿，若要更改工作表中的数据，如将 B4 单元格数据更改为"12"，此时可以看到 Word 中数据发生了相应的更改，如图 12-50 所示。

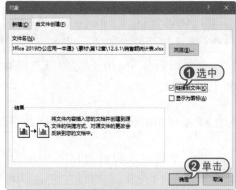

图 12-47

图 12-48

图 12-49

图 12-50

提 示

除了可以导入已经创建完毕的 Excel 工作表外，还可在 Word 中插入新的 Excel 工作表。要在 Word 中插入新的 Excel 电子表格，需要在【对象】对话框中完成。在【对象】对话框中切换至【新建】选项卡，在【对象类型】列表框中选择【Microsoft Excel 工作表】选项，单击【确定】按钮，返回文档中，系统将自动在 Word 中新建工作表，用户即可在其中输入需要的数据。

2. 将 Excel 表格中的部分数据引用到 Word 文档中

如果用户只需要 Excel 表格中的部分数据，采用导入对象的方式就不合适了。这里可以直接采用复制和粘贴的方法，只复制 Excel 中需要的部分数据，然后粘贴到 Word 中。在销售报告中，如果只需要查看各地区各季度的销售情况，而不需要查看其总销售额，那么可利用复制和粘贴的方法只将 Excel 表格中的部分数据引入 Word 文档中。

01 启动 Excel 2019，打开"销售额统计表"工作簿，选中要引入 Word 中的数据区域，如选中 A3:E7 单元格区域，按 Ctrl+C 组合键复制数据，如图 12-51 所示。

02 在 Word 中将光标插入点定位在要粘贴数据的位置，按 Ctrl+V 组合键粘贴要复制的数据，如图 12-52 所示。

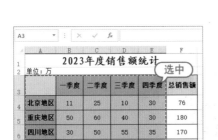

	一季度	二季度	三季度	四季度	总销售额
北京地区	11	25	10	30	76
重庆地区	50	60	40	30	180
四川地区	30	50	55	35	170
上海地区	5	4	6	5	20

图 12-51

	一季度	二季度	三季度	四季度
北京地区	11	25	10	30
重庆地区	50	60	40	30
四川地区	30	50	55	35
上海地区	5	4	6	5

图 12-52

3. 将 Word 中的表格转换为 Excel 表格

将 Word 中的数据转换到 Excel 表格中，便于利用 Excel 强大的数据处理和分析功能，对数据进行进一步的分析。方法是使用 Ctrl+C 组合键复制 Word 中的表格，切换至 Excel 中，按 Ctrl+V 组合键粘贴表格。

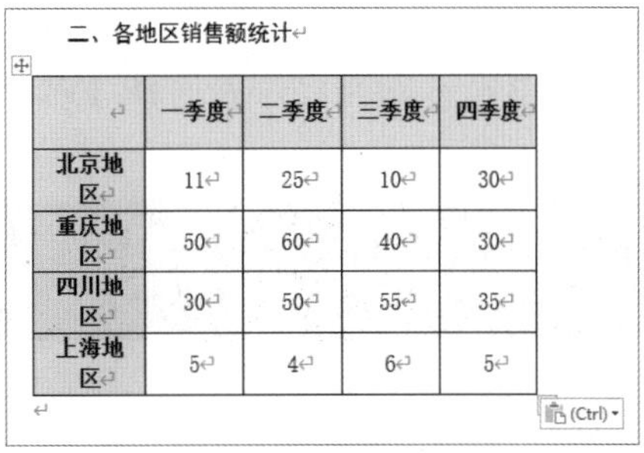

01 打开“销售报告”文档，选中 Word 中的表格，按 Ctrl+C 组合键对其进行复制，如图 12-53 所示。

02 切换至 Excel 中，按 Ctrl+V 组合键粘贴表格，如图 12-54 所示。

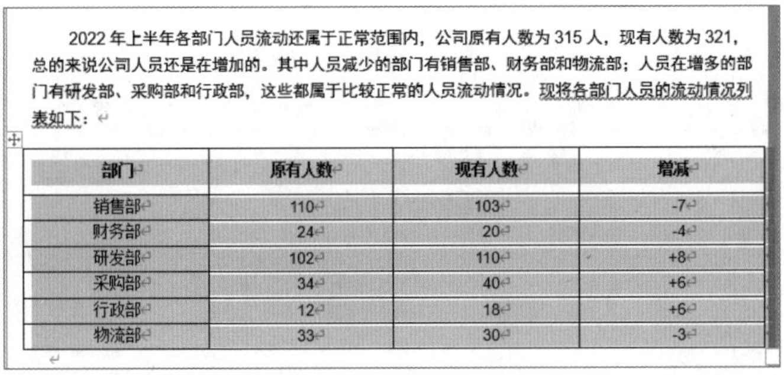

部门	原有人数	现有人数	增减
销售部	110	103	-7
财务部	24	20	-4
研发部	102	110	+8
采购部	34	40	+6
行政部	12	18	+6
物流部	33	30	-3

图 12-53

部门	原有人数	现有人数	增减
销售部	110	103	-7
财务部	24	20	-4
研发部	102	110	8
采购部	34	40	6
行政部	12	18	6
物流部	33	30	-3

图 12-54

12.3.2　Word 和 PowerPoint 的协同办公

利用 Word 与 PowerPoint 之间的相互协作，可大大节省编辑时间。

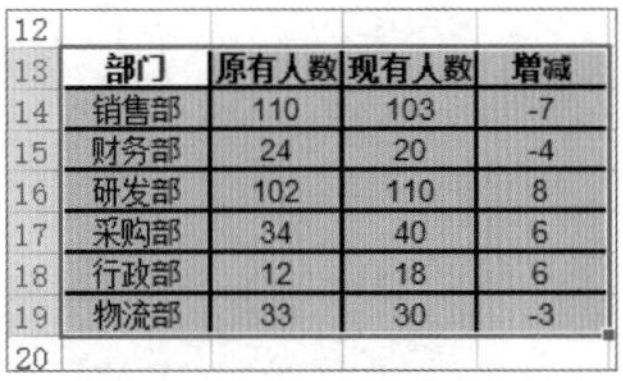

1. 用复制和粘贴的方式将 Word 转换为 PowerPoint

将 Word 文档转换为 PowerPoint 演示文稿的方法通常有两种，一种是最简单的直接复制、粘贴的方法；另一种是用大纲形式，即先将文档转换为不同级别的大纲形式，然后再将其导入 PowerPoint 演示文稿中。

Word 中的文本、表格、图片等内容可以直接复制粘贴到 PowerPoint 幻灯片中，复制的内容将包含原有的格式。

01 打开“销售报告”Word 文档，选择标题文本“各区域销售报告”，然后按 Ctrl+C 组合键进行复制，如图 12-55 所示。

02 打开"销售总结 PPT"演示文稿，切换至第 1 张幻灯片，将插入点置于标题占位符中，按 Ctrl+V 组合键粘贴标题内容，或选择【粘贴】|【保留源格式】选项粘贴内容，如图 12-56 所示。

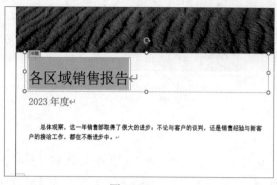

图 12-55	图 12-56

03 采用相同的方法，在 Word 中选择要复制的内容后按 Ctrl+C 组合键，然后切换至 PowerPoint 对应的幻灯片中，将光标插入点定位在要粘贴的占位符中，按 Ctrl+V 组合键进行粘贴，图 12-57 所示为粘贴的北京地区销售情况。

04 如果需要粘贴表格，在 Word 中选中表格并进行复制后，切换至对应的幻灯片中，粘贴到占位符中即可，此时表格自动应用当前幻灯片的主题效果，如图 12-58 所示。

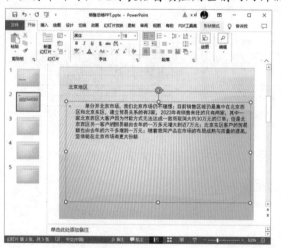
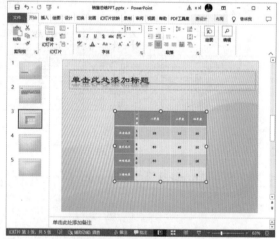

图 12-57	图 12-58

2. 用大纲形式将 Word 转换为 PowerPoint

通过复制、粘贴的方法将 Word 文档内容转换为 PowerPoint 演示文稿虽然简单，但需要将 Word 文档中的内容逐一进行复制和粘贴，操作起来有些麻烦且极易出错。我们可以将 Word 文档中的内容设置为不同的大纲级别，如将正标题设置为 1 级，副标题设置为 2 级，正文内容设置为 3 级，然后使用 PowerPoint 中的幻灯片大纲功能，将 Word 文档中的文本内容按照不同的大纲级别显示。

这里事先已经将各地区的销售情况单独保存在不同的 Word 文档中，并且各文档中的标题
级别相同、正文级别也相同，那么可将各地区的销售报告 Word 文档分别导入 PowerPoint 演示
文稿中。

01 打开"销售总结 PPT"演示文稿，切换至第 1 张幻灯片，分别输入标题和副标题文本，
如图 12-59 所示。

02 在【开始】选项卡的【幻灯片】组中单击【新建幻灯片】按钮，从展开的下拉列表中选择【幻
灯片 (从大纲)】命令，如图 12-60 所示。

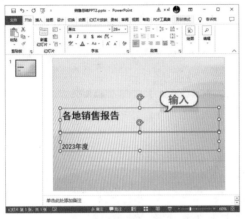

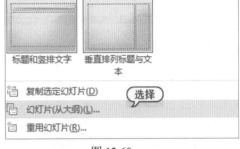

图 12-59　　　　　　　　　　　　　　　　　图 12-60

03 打开【插入大纲】对话框，选择需插入的 Word 文档保存的位置，然后选择要插入的文档，
这里选择"北京地区销售报告 .docx"文档，单击【插入】按钮，如图 12-61 所示。

04 返回幻灯片中，此时可以看到系统自动插入了 Word 文档中的内容，并将标题显示在标题
占位符中，而将正文内容显示在内容占位符中，如图 12-62 所示。

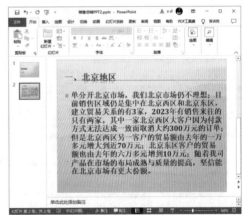

图 12-61　　　　　　　　　　　　　　　　　图 12-62

05 使用相同的方法，在【插入大纲】对话框中选择"重庆地区销售报告 .docx"文档，该文
档内容将插入第 3 张幻灯片中，如图 12-63 所示。

06 使用相同的方法，在【插入大纲】对话框中选择"四川地区销售报告 .docx"文档，该文
档内容将插入第 4 张幻灯片中，如图 12-64 所示。

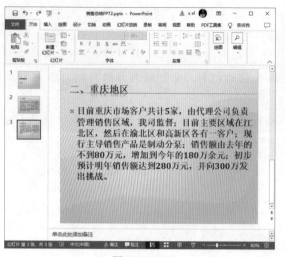

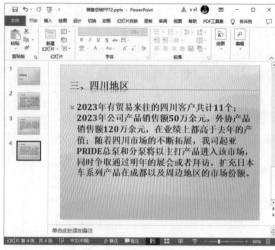

<table>
<tr><td>图 12-63</td><td>图 12-64</td></tr>
</table>

3. 将演示文稿链接到 Word 中

为了达到更直观的展示效果，用户可以将事先制作好的演示文稿以超链接的形式链接到 Word 文档中，使文档的内容更丰富，更具说服力。

01 打开"销售报告"Word 文档，将光标插入点定位在要插入超链接的位置，然后在【插入】选项卡的【链接】组中单击【链接】按钮，如图 12-65 所示。

02 打开【插入超链接】对话框，在【链接到】列表框中选择【现有文件或网页】选项，然后在右侧的列表框中选择要插入的"销售总结 PPT"演示文稿，单击【确定】按钮，如图 12-66 所示。

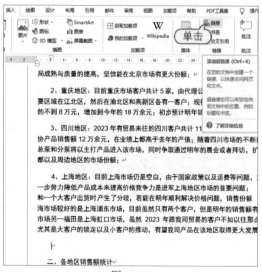

<table>
<tr><td>图 12-65</td><td>图 12-66</td></tr>
</table>

03 返回文档中，此时在光标插入点所在处插入了一个名为"销售总结 PPT.pptx"的超链接，按住 Ctrl 键后单击该超链接，如图 12-67 所示。

04 系统自动打开所链接到的"销售总结 PPT"演示文稿，在该演示文稿中可详细浏览内容，如图 12-68 所示。

图 12-67　　　　　　　　　　　　　图 12-68

12.3.3　Excel 和 PowerPoint 的协同办公

用户经常需要将 Excel 中制作完成的表格数据或图表插入幻灯片中，或者在 Excel 表格中插入演示文稿的链接。比如在"销售总结 PPT"演示文稿中插入"销售额统计表"表格数据，为演示文稿提供更具说服力的数据。

1. 在演示文稿中插入工作簿

在"销售总结 PPT"中，由于缺少相应的统计数据，因此需要将"销售额统计表"中的表格数据插入指定的幻灯片中。

01 打开"销售总结 PPT"演示文稿，切换至需要插入表格数据的幻灯片，这里选择第 3 张幻灯片，在【插入】选项卡的【文本】组中单击【对象】按钮，如图 12-69 所示。

02 打开【插入对象】对话框，选中【由文件创建】单选按钮，再单击【浏览】按钮，如图 12-70 所示。

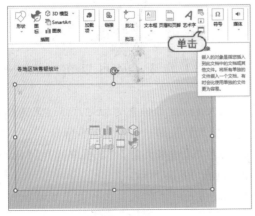

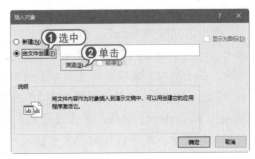

图 12-69　　　　　　　　　　　　　图 12-70

03 打开【浏览】对话框，选择要插入的文件的保存位置，然后选择要插入的"销售额统计表"工作簿，单击【确定】按钮，如图 12-71 所示。

04 返回【插入对象】对话框，选中【链接】复选框，单击【确定】按钮，如图 12-72 所示。

 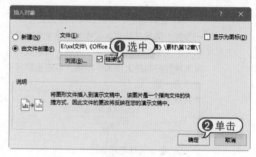

图 12-71   图 12-72

05 返回幻灯片中，此时可以看到幻灯片中插入了"销售额统计表"工作簿的表格，如图 12-73 所示。

06 双击幻灯片中的表格，系统自动打开"销售额统计表"工作簿，在工作簿中修改数据，修改后幻灯片中的数据也会跟着变化，如图 12-74 所示。

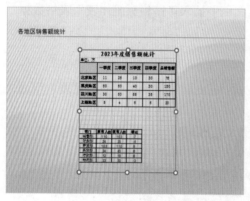 

图 12-73   图 12-74

2. 在演示文稿中插入新建工作表

除了可以在 PowerPoint 中插入已经创建完毕的 Excel 工作表，还可以在 PowerPoint 中插入一个空白的新建的 Excel 工作表。

01 打开"销售总结 PPT"演示文稿，切换至需要插入 Excel 工作表的幻灯片，这里选择第 4 张幻灯片，在【插入】选项卡的【文本】组中单击【对象】按钮，如图 12-75 所示。

02 打开【插入对象】对话框，选中【新建】单选按钮，然后在【对象类型】列表框中选择【Microsoft Excel Binary Worksheet】选项，单击【确定】按钮，如图 12-76 所示。

03 返回幻灯片中，此时在该幻灯片中插入一个空白的 Excel 工作表，工作表呈编辑状态，如图 12-77 所示。

04 在空白的工作表中输入需要的数据，如同在 Excel 组件中一样，用户可以在输入数据后适当调整文字大小、行列宽度等，并拖动四周的控制点，调整表格的大小，隐藏多余的空白单元格，调整完毕后单击幻灯片的空白处退出编辑状态，如图 12-78 所示。

图 12-75

图 12-76

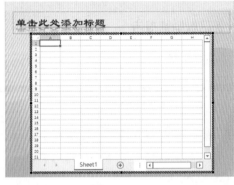

图 12-77

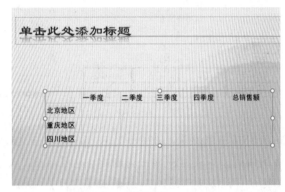

图 12-78

3. 在工作簿中插入演示文稿链接

在 Excel 中也可以插入 PowerPoint 文件，插入方法与前面介绍的在 Word 文档中插入 PowerPoint 文件的方法类似。

01 打开"销售额统计表"工作簿，选中要插入超链接的单元格，如 A10 单元格，然后在【插入】选项卡中单击【链接】按钮，如图 12-79 所示。

02 打开【插入超链接】对话框，在【链接到】列表框中选择【现有文件或网页】选项，选择【当前文件夹】选项，选择"销售总结 PPT"演示文稿，单击【确定】按钮，如图 12-80 所示。

图 12-79

图 12-80

03 返回文档中，此时在 A10 单元格中插入了一个名为"销售总结 PPT.pptx"的超链接，按住 Ctrl 键后单击该超链接，如图 12-81 所示。

04 系统自动打开所链接到的"销售总结 PPT"演示文稿，在该演示文稿中可详细浏览内容，如图 12-82 所示。

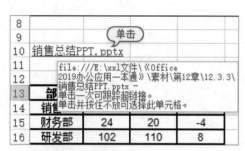

图 12-81

图 12-82

05 此外还可以在 Excel 中制作一个新建演示文稿的链接，只需打开【插入超链接】对话框，在【链接到】列表框中单击【新建文档】按钮，在【新建文档名称】文本框中输入新建演示文稿的名称"新建销售 PPT"，单击【更改】按钮，如图 12-83 所示。

06 打开【新建文档】对话框，设置新建演示文稿的保存位置和文件名，单击【确定】按钮，如图 12-84 所示。

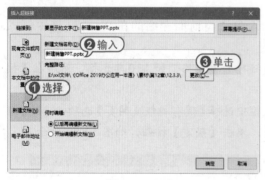

图 12-83

图 12-84

07 返回【插入超链接】对话框，选中【开始编辑新文档】单选按钮，单击【确定】按钮，如图 12-85 所示。

08 此时，系统自动新建一个名为"新建销售 PPT"的演示文稿，用户可以添加幻灯片对其进行编辑，如图 12-86 所示。

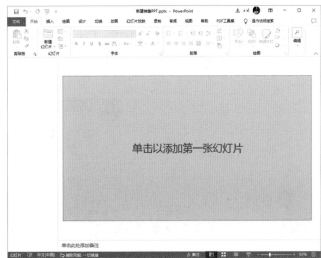

图 12-85　　　　　　　　　　　　　　　　　　　图 12-86

12.4　Office 的移动办公

使用移动设备上的 Office 各组件可以随时随地进行办公，轻松完成平时需要在电脑上完成的工作。本节介绍如何将电脑中的文件快速传输至移动设备中，以及使用移动设备上的 Office 进行办公的操作方法。

12.4.1　将办公文件传输到移动设备

移动办公即是利用手机、平板电脑等移动设备上可以和电脑互联的软件应用系统，随时随地完成办公需求，其优势在于操作便利、携带方便、办公高效快捷。

要满足移动办公的设备必须具有以下特征。

▶ 便携性：手机、平板电脑和笔记本电脑等均适合移动办公，这些设备体积较小，便于携带，打破了空间的局限性，办公人员不用一直待在办公室里，在家里、在车上都可以工作。

▶ 系统和设备支持：要想实现移动办公，必须具有能够支持办公软件的操作系统和设备，如 iOS 操作系统、Android 操作系统、Windows Mobile 操作系统等具有扩展功能的系统及对应的设备等。现在流行的华为手机、苹果手机、OPPO 手机、iPad、平板电脑以及笔记本电脑等都可以实现移动办公。

▶ 网络支持：很多工作都需要在连接有网络的情况下进行，如传递办公文件等，所以网络的支持必不可少。目前最常用的网络有 4G/5G 网络和 Wi-Fi 无线网络等。

将办公文件传输到移动设备中，方便携带，还可以随时随地进行办公。

1. 将移动设备作为 U 盘传输办公文件

用户可以将移动设备以 U 盘的形式使用数据线连接至电脑 USB 接口。在手机上弹出【USB

用于】窗口，选中【传输文件】选项表示可以和电脑传输文件，如图 12-87 所示。此时，双击电脑桌面上的【此电脑】图标，打开【此电脑】窗口，双击并打开存储设备 (此处为【OPPO Find X2 Pro】手机设备)，如图 12-88 所示，然后将电脑中的文件复制并粘贴至该移动设备中即可。

图 12-87

图 12-88

2. 使用同步软件

通过数据线或者 Wi-Fi 网络，在电脑中安装同步软件，然后将电脑中的数据下载至手机中。安卓设备可以借助 360 手机助手等，iOS 设备则可使用 iTunes 软件实现，如图 12-89 和图 12-90 所示。

图 12-89

图 12-90

3. 使用 QQ 传输文件

在移动设备和电脑中登录同一个 QQ 账号，在电脑端 QQ 主界面的【我的设备】(此处为【我的 Android 手机】) 中双击识别的移动设备，如图 12-91 所示。在打开的窗口中可直接将文件拖曳至窗口中，从而将办公文件传输到移动设备。或者单击窗口中的■按钮，如图 12-92 所示。打开【打开】对话框，选择要传输的文件，单击【打开】按钮，如图 12-93 所示，此时将文件上传至 QQ，如图 12-94 所示，再用手机上的 QQ 端接收文件即可。

图 12-91

图 12-92

图 12-93

图 12-94

4. 将文件备份到 OneDrive

用户可以直接将办公文件保存至 OneDrive，然后使用同一账号在移动设备中登录 OneDrive，实现电脑与手机文件的同步。

在【此电脑】窗口中选择【OneDrive】选项，打开【OneDrive】窗口，如图 12-95 所示。选择要上传的文件，复制并粘贴到【OneDrive】|【文档】窗口中，如图 12-96 所示。此时在手机中登录 OneDrive，即可查看和使用上传至【OneDrive】|【文档】中的文件内容。

图 12-95

图 12-96

12.4.2 使用移动设备修改 Word 文档

本节以 Android 手机上的 Microsoft Word 为例，介绍如何在手机上修改 Word 文档。

01 下载并安装 Microsoft Word 手机 App。使用前面的方法将文档传输到手机中，找到存储位置并单击"工作总结报告.docx"文档，即可使用手机版 Word 打开该文档，如图 12-97 所示。

02 打开文档，单击界面上方的 按钮，可自适应手机屏幕显示文档；然后单击【编辑】按钮 ，进入文档编辑状态；选中标题文本，单击【开始】面板中的【倾斜】按钮，使标题以斜体显示，如图 12-98 所示。

03 将插入点放置在合适的位置，按虚拟键盘的回车键另起一行，单击【开始】按钮，选择【插入】选项卡，如图 12-99 所示。

04 在该选项卡中选择【形状】选项，如图 12-100 所示。

图 12-97

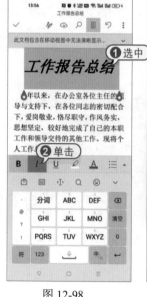

图 12-98

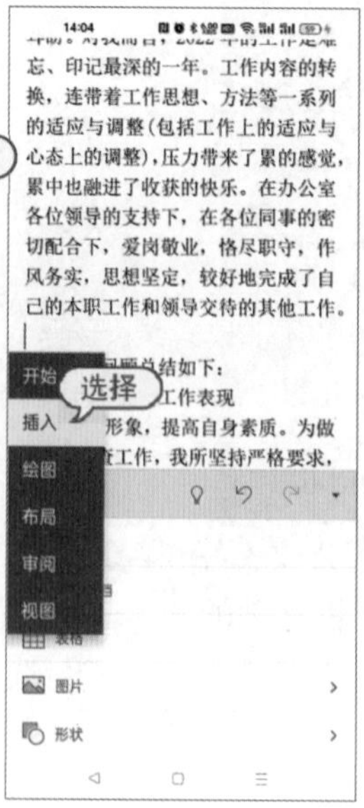

图 12-99

图 12-100

05 选择【线条】|【直线】选项，如图 12-101 所示。

06 在空行中手绘直线，然后单击【轮廓】按钮 ✐，如图 12-102 所示。

图 12-101　　　　　　　　　　图 12-102

07 选择一种轮廓颜色，如图 12-103 所示。

08 选中最后一行文字，将"三"修改成"四"，单击【字体颜色】按钮 A，如图 12-104 所示。

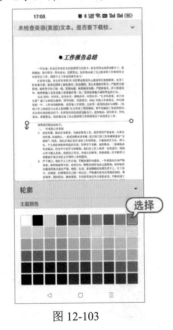

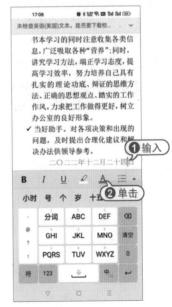

图 12-103　　　　　　　　　　图 12-104

09 选择一种字体颜色，如图 12-105 所示。

10 编辑完毕后，单击右上角的【菜单】按钮 ⋮，在弹出的菜单中选择【保存】选项，保存修改后的 Word 文档，如图 12-106 所示。

图 12-105

图 12-106

12.4.3 使用移动设备计算 Excel 表格数据

本节以 Android 手机上的 Microsoft Excel 为例，介绍如何在手机上计算 Excel 表格数据。

01 下载并安装 Microsoft Excel 手机 App。使用前面的方法将工作簿传输到手机中，找到存储位置并单击"销售汇总.xlsx"工作簿，即可使用手机版 Excel 打开该工作簿，如图 12-107 所示。

02 选中 D9 单元格，单击【开始】按钮，选择【公式】选项卡，如图 12-108 所示。

图 12-107

图 12-108

03 在该选项卡中选择【自动求和】选项，如图 12-109 所示。

04 继续选择【求和】选项，如图 12-110 所示。

图 12-109

图 12-110

05 可以在编辑栏内输入求和公式，或者选择表格内的计算范围"D3:D7"，然后单击 按钮，如图 12-111 所示。

06 此时即可计算出销售额总计数值，如图 12-112 所示。

图 12-111

图 12-112

12.4.4　使用移动设备制作演示文稿

本节以 Android 手机上的 Microsoft PowerPoint 为例，介绍如何在手机上创建并编辑演示文稿。

01 下载并安装 Microsoft PowerPoint 手机 App，进入其主界面，单击顶部的【新建】按钮➕，如图 12-113 所示。

02 进入【新建】界面，可以根据需要创建空白演示文稿，也可以选择下方的模板创建新演示文稿。这里选择【麦迪逊】选项，如图 12-114 所示。

图 12-113　　　　　　　　　　图 12-114

03 根据模板创建一个空白演示文稿，然后根据需要在两个标题文本占位符中输入相关文本内容，如图 12-115 所示。

04 单击【编辑】按钮，进入编辑状态，在【开始】面板中设置标题的字体、字号、字体颜色等，并将其设置为右对齐，如图 12-116 所示。

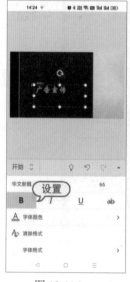

图 12-115　　　　　　　　　　图 12-116

05 单击屏幕右下方的【新建】按钮⊞，新建幻灯片页面，然后删除其中的文本占位符，如图 12-117 所示。

06 再次单击【编辑】按钮✐，进入文档编辑状态，选择【插入】选项卡，再选择【图片】选项，如图 12-118 所示。

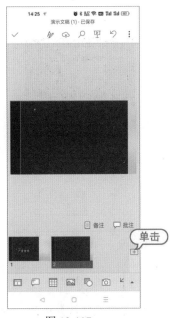

图 12-117   图 12-118

07 选择一张手机中存储的图片，如图 12-119 所示。

08 单击【完成】按钮插入图片，如图 12-120 所示。

图 12-119   图 12-120

09 在打开的【图片】面板中可以对图片进行样式、裁剪、旋转及移动等编辑操作，这里选择【样式】中的一种图片样式选项，如图 12-121 所示。

10 选择【映像】中的一种图片效果选项，如图 12-122 所示。

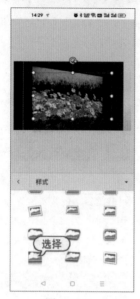

图 12-121

图 12-122

11 选择第 1 张幻灯片，选择【切换】选项卡，选择【切换效果】选项，如图 12-123 所示。

12 选择【推入】切换效果，如图 12-124 所示。

图 12-123

图 12-124

13 返回【切换】选项卡，选择【效果选项】|【自右侧】选项，如图 12-125 所示。

14 选择第 2 张幻灯片，选中图片后，选择【动画】选项卡，选择【进入效果】选项，如图 12-126 所示。

图 12-125

图 12-126

15 选择【进入效果】中的【百叶窗】动画效果选项，如图 12-127 所示。

16 返回【动画】选项卡，选择【效果选项属性】|【垂直】选项，如图 12-128 所示。

图 12-127

图 12-128

17 制作完成后，单击右上角的【菜单】按钮■，在弹出的菜单中选择【保存】选项，如图 12-129 所示。

18 在【保存】界面中选择【重命名此文件】选项，并设置名称为"广告宣传"，保存该演示文稿，如图 12-130 所示。

图 12-129

图 12-130

12.5　高手技巧

技巧：加密保护 OneNote 分区

用户可以对 OneNote 进行加密，这样可以更好地保护个人隐私。

打开 OneNote 的笔记本，右击要加密的分区，在弹出的快捷菜单中选择【使用密码保护此分区】命令，如图 12-131 所示。打开【密码保护】窗格，单击【设置密码】按钮，打开【密码保护】对话框，输入密码并确认密码，然后单击【确定】按钮，即可完成分区的密码保护，如图 12-132 所示。

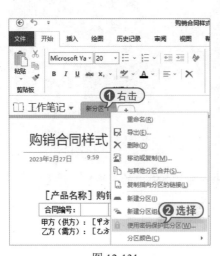

图 12-131

图 12-132